SCRUM

精華指南 第三版
輕巧的旅程伴侶

Scrum-A Pocket Guide, 3rd edition

© 2021 GOTOP Information, Inc.
Authorized Chinese Complex translation of the English edition of Scrum-A Pocket Guide, 3rd
ISBN 9789401807340 © Van Haren Publishing BV 2021
Author: Gunther Verheyen
This translation is published and sold by permission of Van Haren Publishing BV, which owns
or controls all rights to publish and sell the same.

推薦序

Ken Schwaber

充滿智慧的傑出成就。

《*Scrum 精華指南*》是一本非常出色的書。Gunther 以清晰的文字與結構描述了關於 Scrum 的一切,這些描述充滿洞察力、理解力和感知力。你不會感到詫異,而是單純的從中受益,並在之後回想時發現:「這真的非常有用,我找到了我需要知道的東西,沒有任何困難的、輕鬆的理解了我想要的東西。」

我很糾結如何寫這個前言,對我來說,前言應該要像它所介紹的那本書一樣優秀,但以這本書來說,這是很難達成的。閱讀 Gunther 的書,不管只是讀一小部分或是全本書都讀,你都將會感到滿意。

Scrum 是簡單的,但是足夠完善以解決複雜的問題。Gunther 的精華指南是如此完善,足了讓人了解這個可以處理複雜問題的簡單框架:Scrum。

Ken,2013 年 8 月 22 日

作者序

在敏捷的使用持續受到關注的同時，Scrum 成為最為廣泛被採用的敏捷定義。人們普遍對 Scrum 感到有興趣，除了軟體開發領域之外，Scrum 的用途仍在不斷擴大。

將組織的工作方式轉變為 Scrum 是一個巨大的挑戰。Scrum 並不是食譜，能對任何想像得到的情況都提供詳盡、詳細的處理方式。Scrum 是一個關於規則與價值觀的輕量原則框架，在使用 Scrum 的人們中興盛。Scrum 的主要潛力在於發現，並透過實踐、工具和技術來展現，以及針對特定情境下對其進行優化。

Scrum 能實現的好處，起源於消除障礙、跨越區隔的思考並踏上發現之旅的意願。

這個旅程始於了解 Scrum 的規則並開始參與 Scrum，希望這本書能成為你這趟旅程的伴侶。本書展示了 Scrum 如何實現敏捷心態、Scrum 賽局規則是什麼，以及這些規則如何為各種戰略提供了發揮空間。之所以會介紹所有相關面向，是為了使本書對於人員、團隊、經理和變革推動者來說都值得閱讀，不論他們已經在 Scrum 的旅途中或是準備踏上 Scrum 之旅。

我的旅程始於 2003 年，我的敏捷之路開始於極限編程和 Scrum，這無疑是一條不平順地石子路。我曾在許多團隊中使用 Scrum，在不同的規模與組織中執行多項專案和計畫。我與大型和小型企業都合作過，指導對象從個人從業人員、團隊到執行管理階層都有。我與 Scrum 的共同創始人 Ken Schwaber 合作，同時主持了 Scrum.org 的「Professional Scrum」系列培訓課程和評鑑。我很感激一路至今，我能夠以獨立的 Scrum 照護者的身份繼續旅程。

我在 2013 年撰寫了《Scrum 精華指南》的第一版，我認真的在第一版中描述 Scrum 價值觀，在 2016 年 7 月，Scrum 的價值觀被添加到 Scrum Guide 中。我同時闡述了傳統的 3 個提問，這是在 Daily Scrum 中可以被選用的好策略，這些可選性於 2017 年 11 月添加到 Scrum Guide 中，直到 2020 版中刪除了這部分的描述，這些提問其實是可以選擇性採用。

但是，越來越多的挑戰不斷浮出水面。社會的平衡不斷急劇地從工業（通常是體力勞動）向數位化（通常是虛擬）勞動轉移。社會的許多領域，工作的不可預測性不斷增加，工業典範不意外的開始變得無用。對敏捷典範的需求比以往任何時候都大，透過採用有形的 Scrum 框架來幫助人們和組織提高在複雜環境下執行複雜工作的敏捷性。

人們逐漸發現 Scrum 不僅是產出複雜（軟體）產品的方法，同時也是一種「讓人們能夠從複雜的挑戰中獲取價值」的簡單框架。除了在軟體和新產品開發之外，越來越多來自不同領域的人希望能在 Scrum 的旅程中獲得更多的指導和見解，因此需要能從不同角度、以不同方式說明，對 Scrum 規則需要有更通用的描述，這因此促成了本書第二版的變更。當組織構想透過 Scrum 的工作方式重新建立其結構時，他們可以在 Scrum 簡單的規則中找到清晰的見解。

我相信第三版能為人們及其組織提供更多以往沒有的重要基礎見解，無論他們在哪種業務領域，都可以有助於正確地塑造他們的 Scrum。雖然引入一些術語更改，重點仍是放在框架中的規則和角色的意圖和目的。

我感謝 Ken Schwaber 的前言和他對原始版本（2013）的評論，以及其他評論者 Dave Starr，Patricia Kong 和 Ralph Jocham 對第一版的反饋。感謝 Blake McMillan 和 Dominik Maximini 對第二版（2018）的評論。我感謝 Bhuvan Misra 對第三版的讚賞和關鍵的回饋。我感謝所有過去的和未來的翻譯人員，對多種語言傳播所做的不懈努力。我感謝凡赫倫出版社（Van Haren Publishing）的所有人，尤其是 Ivo van Haren，讓我有表達 Scrum 觀點的機會。

祝你閱讀愉快。

持續學習，
持續進步，
持續…Scruming。

Gunther
獨立的 Scrum 照護者
2013 年 6 月，2018 年 8 月，2020 年 11 月

名人推薦

《Scrum 精華指南》是一本非常出色的書。它是如此的組織嚴謹、編寫良好，內容也非常出色。對於所有尋求完整清晰的 Scrum 概論的人來說，這本書稱的上是標準講義。

（*Ken Schwaber*，Scrum 共同創始人，*2013 年 8 月*）

Gunther 為尋求敏捷性的團隊精心準備的此本正確的、毫無廢話的指南。我不想誇大，但這正是我希望能寫出的 Scrum 敏捷性的書。

（*David Starr*，敏捷工匠 *Agile Craftsman*，*2013 年 6 月*）

在我過去許多 Scrum 培訓活動中，我經常被問到：「以 Scrum 來說，可以推薦讀哪一本書嗎？」我總是無法給出直接明確的答案，但現在就可以了！《Scrum 精華指南》是踏上 Scrum 之旅時該閱讀的那一本書，一本有關於 Scrum 的簡潔、完整並且充滿熱情的參考書。

（*Ralph Jocham*，敏捷專家，*2013 年 6 月*）

「*Scrum 之家是所有人都受到歡迎的溫暖之家*。」Gunther 對 Scrum 及其參與者的熱情在他的工作和本書的每一章中都清楚展現。他解釋了敏捷典範，列出了 Scrum 框架，還討論了「Scrum 的未來狀態」，僅用了大約 100 頁就讓讀者深入認識 Scrum。

（*Patricia M. Kong*，企業敏捷解決方案，*2013 年 6 月*）

我建議您在進入 Scrum 旅程的初期儘早閱讀《*Scrum 精華指南*》，來幫助您更深入地了解 Scrum 如何運作，以及其價值觀和原則如何對團隊的生活以及組織的健康產生積極影響。在旅途的後期閱讀也很棒……除了可能會為了沒有早些閱讀而感到遺憾。

（*Blake McMillan,* 首席顧問，*2018 年 8 月*）

簡單來說，很難找到簡潔扼要的 Scrum 文獻，大多數作者都圍繞核心主題討論但不點明，Gunther 選擇打破這種模式，讓我們對 Scrum 真正重要的部分得到了解與啟發。在開始 Scrum 之旅時，請確保你隨身攜帶本指南。

（*Dominik Maximini*，敏捷領導教練，*2018 年 8 月*）

「體積小，價值高。」Gunther 這本關於 Scrum 的精華指南是少數我同時擁有的精裝版和電子版的書籍之一，方便我隨身攜帶。這是一本很棒的書，一本絕佳的 Scrum 指南，強烈推薦給所有即將踏上 Scrum 之旅有抱負的旅行者！

（*Bhuvan Misra*，敏捷石匠，*2020 年 11 月*）

目錄

1 敏捷典範

■1.1　轉型還是不轉型

軟體業長久以來受工業的觀點與理念支配，這實際上只是在複製傳統製造業的習慣與理論。這種泰勒學派[1]的知識、觀點或實務作法的理論核心認為「工人」沒有完成工作所需具備的智能、自主力與創造力，員工只能做已經被規範好、可立即執行的任務。因此他們的工作都必須由更資深的員工事先準備、設計和計畫。於此同時，更高層的管理者仍需不時監看他們如何執行這些詳細規劃好的任務。並且透過接受好的產出、並打回壞的產出這種方式來確保品質。此外也用金錢獎勵期望中的行為，不樂見的行為則會受到懲罰，也就是傳統的「胡蘿蔔與大棒」的管理策略。

1　Frederick Taylor（1856-1915 年）是美國工程師，他因研究如何最大限度地提高勞動生產率和效率，同時最小化成本而聞名。他促進了強制性標準化以及系統方法和實踐。控制完全取決於管理層，而員工只需要執行工作就好了。

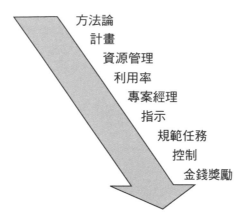

方法論
計畫
資源管理
利用率
專案經理
指示
規範任務
控制
金錢獎勵

圖 1.1　工業典範

將這種舊式典範套用於軟體產業導致的嚴重缺陷已經有許多明確記載並廣為周知。尤其是 Standish Group 的 Chaos 報告 [Standish, 2011; Standish, 2013] 不斷揭示了使用傳統方法在軟體開發中的低成功率。工業管理規範用於軟體開發所導致眾多缺失與錯誤，早已超出可忍受的合理範圍，不幸的是我們的對策卻是降低期望。在工業管理規範中所認為的「成功」是能在期限與預算內完成規畫好的所有功能，卻使得軟體專案只有 10-20% 的成功率變成可以被接受。**依循工業管理典範保證達到的「成功」是充滿爭議的**，導致傳統軟體開發業被迫去接受品質不佳，且超過 50% 功能根本沒有被使用的產品 [Standish, 2002; Standish, 2013]。

雖然尚未普遍的被察覺，但工業典範確實讓軟體開發陷入嚴重的危機中。很多人仍嘗試透過加強工業典範的方式去克服這個危機，耗費心力的前期工作持續增加，更多的計劃產生，更多的階段被制定，更多的設計，更多的前期工作，希望能讓真正工作時更有效。**但成功率卻沒有提升，而工業典範的思維仍認為是因為指示不夠詳盡**。這是因為其核心理念認為工人需要被指導，只是要給他們更詳盡的指示，這導致監督單位不斷的增加並加強，並給出更多指示細節。

然而，這樣的嘗試並沒有什麼改善。我們依然在容忍大量的缺陷、錯誤、與品質低落。

雖然花了一段時間，但在觀察到工業典範下這些明顯的異常後，新的想法和理念必然開始成形。

新世界觀點的種子在 90 年代就出現了。但在 2001 年才形成一個正式的名稱「敏捷」，這是軟體開發歷史的轉折點。新的典範在軟體業誕生，這種典範興盛的基礎在於啟發與創造力，（恢復）對創造工作與對「工作人員」智慧的尊重，並且快速擴散到其它的領域。

圖 1.2　敏捷典範

軟體業有很好的理由轉向新的典範：眾所皆知現存的已知缺陷相當明顯，與此同時社會中軟體的使用呈指數的增長，這讓新典範在現代世界成為關鍵的一環。然而，從定義來看，典範轉移需要時間，舊典範已經紮根，並有一段相當長的衰退期，至今仍然有人教導與推廣工業方法才是合適的軟體開發方式。

許多人認為敏捷太過於激進，所以他們發展出基於現存傳統框架平緩過渡式的敏捷實拖方法。然而，我們有理由對從舊典範到新典範、從瀑布到敏捷這樣緩慢地演變方式抱持懷疑。

有很高的機率這些平緩的演化永遠都只停留在表面，所有的作為都只是隔靴搔癢。他們會使用新的名稱、新的詞彙和新的實施方法，但根本思維與行為並沒有改變。基本缺陷仍沒有改變；特別是對人的不尊重，以致於持續將這些有創造力、聰明的人當作沒有智能的「工人」，視為一種「資源」來對待。

保留傳統方法的基礎，意味著保持使用既有的資料、指標與標準，並且依據那些舊標準來衡量新典範。但是，不同的典範本質上是由不同的概念與思想組成，而且常常是互相排斥的。簡單來說，在工業典範和敏捷典範之間沒辦法進行有意義的比較。必須誠實才能接受、承認舊方法中存在各種嚴重的缺陷，必須具有領導力、遠見、企業家精神及堅持的人，才能真正放棄舊的思維，接納使用新方法。

> **實際上，漸進式轉變跟完整保持工業典範的現狀沒有不同。**

有大量的證據顯示舊典範不管用，但過去大部分關於敏捷的正面結果的證據仍偏向個人經驗、故事或是相對無足輕重的來源。2011 年 Standish Group 的 Chaos 報告是一個轉折點 [Standish, 2011]，這是第一次有清晰的研究證據，並且在其後所有的 Chaos 報告中持續驗證。後來有更多的研究針對用傳統方法與敏捷方法專案的比較。即使是使用傳統的準時、如預算、交付所有功能這些期望來比對，該報告顯示出敏捷方法的效益高出許多。相對於傳統專案，成功的敏捷專案高出了三倍，同時失敗專案也低了三倍。然而在大型專案上，以固定時間、預算、範圍組合這樣的錯誤期望來說，成功率的變化並沒有這麼明顯。相對地在正確的期望下，把注意力放在積極地和客戶協作並頻繁地交付價值，新典範透過垂直切割價值，頻繁交付，來克服大量問題，表現得甚至更好。

說到底，敏捷是一種選擇，不是必須的。但這是改善軟體產業的一種方法，而研究顯示這種方法相當成功。

> **！** Scrum 能有幫助。

Scrum 是採用和扎根於敏捷典範的具體方式，透過特有的規則讓人們更容易掌握新的典範。只需要少量的規範指示就能立即展開行動，從而更有效、長期的吸收新典範。使用 Scrum，人們發展出新的工作方式：用探索與基於實驗來學習與協作的新生活型態，進入了敏捷的生活型態，這個過程有助於組織轉型到敏捷這種透過不斷改變、變化、進化與適應的狀態，來釋出時間、人員與精力，而（再次）變得創新。

儘管 Scrum 是極簡主義的，但經驗顯示採用 Scrum 仍然是一個巨大的跳躍。儘管已經證明這些舊的、明確的事物不可靠，但放棄舊的、明確的事物仍會引起不確定性。進行有意義的轉變可能需要時間，也可能需要決心與努力。一次次的經驗顯示，Scrum 很單純，但不容易。

■ 1.2 敏捷的起源

儘管計劃驅動的行業觀點佔據主導地位，但軟體開發採用演進方法並不新鮮。Craig Larman 在他的《敏捷與迭代開發：管理者指南》[Larman, 2004] 一書中廣泛描述了敏捷的歷史前輩。

正式被稱為「敏捷」是在 2001 年二月，當時 17 位軟體開發領導者在猶他州的雪鳥滑雪渡假村聚會。當時他們分享對於用 RUP（Rational Unified Process）這種重量級的實作方式來取代失敗的瀑布式方法的看法。他們發現這種做法並沒有帶來比傳統流程更好的結果。這些領導者各自遵循不同的路徑和方法，每種路徑和方法都在未來成為新的敏捷典範中獨特的表現方式；Scrum、極限編程（eXtreme Programming）、自適應軟體開發（Adaptive Software Development）、Crystal、功能驅動開發（FDD）等。

這次聚會讓這些領導者給了共同的想法、信念、原則和方法一個名稱——「敏捷」。他們將它發布並稱為《敏捷軟體開發宣言》[Beck, et.al., 2001]。

敏捷軟體開發宣言

藉著親自並協助他人進行軟體開發，
我們正致力於發掘更優良的軟體開發幫方法。
透過這樣的努力，我們已建立以下價值觀：

個人與互動 重於 流程與工具
可用的軟體 重於 詳盡的文件
與客戶合作 重於 合約協商
回應變化 重於 遵循計劃

也就是說，雖然右側項目有其價值，
但我們更重視左側項目。

圖 1.3　敏捷宣言

常聽到有人說想要「做敏捷」或「變成敏捷」，然而他們通常期待的是一個神奇的解決方案，一個可以解決所有問題的萬能流程，這讓我常說「敏捷不存在」。敏捷不是一種固定的流程、方法、或實施方式，而是敏捷軟體開發方法共同原則的集合。敏捷指的是符合敏捷軟體開發宣言表達的信念與偏好的一種思維方式。

這個宣言有助於掌握支持敏捷的概念。如果你想用它來加深對敏捷的理解，那麼我強烈建議你看看 4 項價值陳述背後的 12 項原則，請參閱：

http://agilemanifesto.org/principles.html

■1.3　敏捷的定義

因為敏捷尚未有簡單明確的定義，我偏好使用三項主要特徵來描述
「敏捷」。這些是各種敏捷方法的共同特性，也是典型的敏捷工作
方式：

- 以人為本；
- 迭代增量流程；
- 以價值衡量成功

1.3.1　以人為本

敏捷不是由預測性計畫驅動，不是在闡述如何實作事先進行過詳盡分
析、設計和架構的需求，敏捷承認無法事先預測需求的所有細節。

敏捷也不是在處理不同功能部門獨力完成的各種半成品的流程。

敏捷是由所有必要部門的人不斷的**協作**所驅動，不論這些人是被稱
為業務、資訊、行銷、銷售、人資、客戶服務、維運還是管理人員。
敏捷不認同傳統的業務與資訊技術的矛盾，若從創造出可用的、有用
的、有價值的軟體產品的角度來看，這兩者缺一不可。

我們對協作、互動與對話愈來愈重視，並需要不同的管理方式才能達
到效果，敏捷團隊需要以服務式領導來**促成**，提供邊界與自主管理
的情境給有目標與方向的團隊。透過設定邊界產生不同的控制，而不
是透過控制個人、任務或預估。協作與服務取代了指示每個人每天
該執行的任務這種傳統的命令與控制機制，以及使用權威進行侵略式
控制。

這表達了對人員的創造力、智能與自組織能力的尊重。尊重人有足夠
的能力來理解並解決問題，而不需要大量的儀式與官僚主義。過量的
儀式性讓人的協作思維、創新與責任被扼殺，並被官僚主義、書面報
告、工作移交和行政藉口取代。

人在工作中的時間受到尊重，花在工作的時間也是基於**可持續**的強度，**讓**工作可以有組織的依此節奏永久地持續下去。

1.3.2　迭代增量流程

敏捷流程不是一種隨興的方法，敏捷流程是被定義的且要求大量紀律。

產品是透過一次次對之前版本的新增、改善、刪減與修改逐步建立的（增量）。透過頻繁地檢視各個部件與整體產品來確保整體的完整性（迭代）。

敏捷要求所有參與者明確地關注品質和卓越表現。敏捷取代了以為將內容塞進文件與紙本記錄就會得到一樣的最終結果、可釋出產品或服務的想法。

無論花費多少時間、精力與費用來事先預測和規劃，需求與實作都還是發生改變，這個發現讓我們更加需要迭代 - 增量式流程。舉例來說，市場與競爭者會不斷發展、使用者開始使用後才會知道他們要什麼、企業策略會改變。而改變需要相當高的警覺性與開放的心態。

相對於預測性流程，敏捷流程不排除改變，也不會在開發工作中驅逐改變。敏捷活躍的中心由新的理解、進化的意見與優先序改變等構成。敏捷的興盛基於會持續出現並**逐步顯現**的需求、計畫、想法、架構與設計。改變不再是一種破壞，而成為常規工作中自然形成的一部份，敏捷甚至**鼓勵**改變，改變是創新與改善的來源。

1.3.3　以價值衡量成功

在變化逐步顯現的環境中，進度無法像工業典範中以符合預測計畫與里程碑、文件、工作移交、簽名、許可或其它形式上的義務來衡量或保證。因此敏捷採用新的方式來衡量進度與成功。

敏捷明確指出，進度和成功，是透過頻繁檢視**可用版本**產品（而不是中間相關的文件），及產品能提供的實際**價值**來判**斷**。

使用者只有在實際使用時才能評估它的可用性與實用性，這在產品開發中是一件很自然的事，沒有文件或虛擬程序能夠取代。迭代 - 增量流程符合這樣的情境，定期的取得使用者的回饋來衡量影響力與滿意度，作為產品演進的重要資訊來源。

■1.4 持續迭代增量

敏捷方法將時間切割為有限時的迭代,一個迭代是有固定開始與結束日期的時間區間。限時(time-box)這種技巧有許多的好處,其中最重要的是**專注**。這種時間管理技巧有助於改善工作轉換與分散的狀況,也確保能規律地檢查並持續地學習改善。每個迭代的核心目的是至少在迭代結束前產出具有價值且可用產品版本,以利取得回饋並實現早期學習。

敏捷重新組織了所有開發工作,用來最大化回應與利用商業機會的能力。

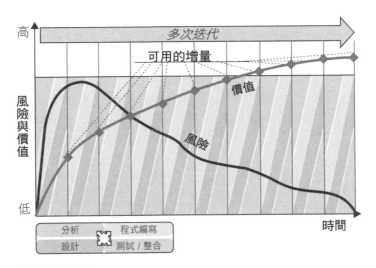

圖 1.4 敏捷價值交付

「價值」對使用者、市場、商務需求等面向,是衡量整體進度和成功的答案。在工作釋出到市場之前,價值都只是一種組織內部的假設,將產品釋出到市場是唯一能有效驗證價值假設的方式。定期向市場釋出產品,是唯一可以用來收集並合併市場回饋與滿意度(或是市場缺乏反應)的方法。這是在產品的後續演變中完成,價值會在迭代過程中不斷的最大化。透過明確的開發標準,連續地產生可用的增量,因此風險也能夠被控制。

「風險」也包含業務觀點，注意在現在的 IT 情境中，風險常被認定成是技術議題（這個系統可以運作嗎？這個系統可以因應大量使用嗎？），這涵蓋了產品可用性的觀點（技術上可處理嗎？不會壞嗎？），但是僅關注技術或開發面向的風險，而忽略了敏捷開發的最終目標是讓使用者和客戶更加滿意以確保產品的實用性，技術上可用的產品僅僅是一個開始。產品必須同時具有可用性與實用性，以確保成功地實現價值交付。

任何現代開發流程，都應該解決包括無法利用未預期的**市場機會**、無法夠快的釋出產品、引起客戶不滿（例如釋出未測試的成果、釋出使用者不想要的功能、釋出落後於競爭者的產品）等風險。

敏捷開發以最大程度降低（業務）風險的方式運作：高價值需求最早被回應、產品快速且頻繁地釋出新版本與更新。滿足現存需求的同時，也提供超乎預期的創新功能，讓使用者願意為產品付費並讓利害關係人的回報最佳化。追求高品質來最大程度地降低維護與支援，讓**總體持有成本**（*TCO*）達到最佳化。敏捷開發的方式，是讓從事核心工作的人員（再次）開始參與。

敏捷認同「一般」IT 活動（在圖 1.4 中簡單的表示為分析、設計、程式編寫、測試或整合）的核心目的，但拆散這些活動的順序。這些活動的結構被重新組織，用來產生適當的動力釋出產品版本，並盡早實現效益，目標是提高彈性與速度，而不是形成阻礙。在敏捷中這些素養全部必須以不連續、增量式的方式，每天在跨技能團隊持續協作與討論新想法、技術與實務作法中同步地進行。

這種整合式、跨功能方法的目標是為了在過程中提高品質並降低缺陷，而不是用生產後再來抓程式臭蟲的方式來達到品質要求。從想要定期釋出演變為實際有能力可以定期釋出是非常重要的，品質無法在產品完成後才增加上去，在開發程序之後才發現品質的缺乏，會導致失控的延遲與預算超支。

要實現敏捷開發實際和持久的利益，就需要超越 IT（或類似的技術）部門的邊界。敏捷不但擁抱變化、與變化共存，甚至是鼓勵變化，採用的方式在組織中也會是一大挑戰，但也是一個機會。整個組織會因為採用短週期、頻繁得到結果、演進式調適的敏捷方法而興盛。敏捷觀點與方法最終會讓大部份的組織部門不再試著去預測那些無法預測的事。敏捷善於利用**交付產品時**出現的答案、解決方案與有競爭力的想法。

可能需要一些時間才能體驗到敏捷帶來的持續學習，能夠對動盪的企業、業務與市場環境提高了控制。可能會需要一些時間，管理者才能轉移焦點不再固守過往判斷的方式，例如轉為透過事實與時間的記錄來了解所執行工作的影響和成果。也可能會需要一些時間，才能提高對於以敏捷開發流程增量成果取得回饋來優化價值的信心。

可能需要一些時間，來接受敏捷需要時間來改變。可能需要一些時間，來接受敏捷不需要事先分析、設計、計畫。

■ 1.5　敏捷無法由計畫產生

敏捷是一種透過敏捷工作方式來實現的狀態。敏捷性是一種講求持續變化、高響應性、快速和高適應性的狀態,是一個需要應對不可預測性的狀態。而這種不可預測性,則是產品開發中的創造性工作,以及組織所處的不斷變化的市場的共同特性。

如果這些響應能力、速度和適應性的變化,沒有延伸到組織與市場、社群和消費者之間的關係,則敏捷性沒有任何意義。應用敏捷流程是為實現企業敏捷的重要基礎,隨著敏捷的採用,出現了新的流程以及新的學習、改善和不斷適應並恢復對人的尊重的組織文化。在整個應用過程中,這些重要的學習會在組織中紮根,並注入到組織的 DNA 中。

要達成更高的敏捷性,理解一些基本事實是至關重要的。若不接受這些基本事實卻想引入敏捷,反而會將提高敏捷性的大門關閉,而不是讓其成為機會之門:

- 敏捷無法透過計畫得到;
- 敏捷無法透過要求得到;
- 敏捷無法透過複製得到;
- 敏捷沒有結束狀態。

以時程計劃來導入敏捷反而會帶來怪異且令人失望的結果。敏捷代表一種新的典範,轉變至新典範將引起顯著的組織性動盪,現有的程序、部門和功能都會受到影響,這種變動相當複雜,因此難以被預測,沒有方法能預先計畫和控制下一步,無法預測什麼時間點將需要什麼變化、如何應對這些需求、新的工作方式將如何生根以及會得到什麼明確的結果。我們無法預測這些轉變傳播和紮根的速度。

敏捷本身並不只是遵循新的流程,而是行為、**文化轉變**。決定轉向敏捷就是決定放棄舊有的(工業)方式。我們不僅是接受敏捷,甚至是

將敏捷視為一門實踐可能性的藝術。需要具有勇氣、誠實和決心，要能立即採取行動，面對並處理透過迭代增量的流程取得的真實資訊。敏捷就是要在可能的每時每刻都盡力而為，接受我們所擁有的方法與手段的限制，並且要面對所出現的侷限。時程計劃的敏捷轉型忽略了敏捷的本質是透過有目的的實驗和學習等步驟來處理複雜問題的方法。計劃時程和嘗試針對時間限制計劃敏捷只是在延伸舊思維，計劃會產生嚴重延遲和等待時間，實際上會適得其反，減慢轉型過程。

時間計劃營造了有最後期限和最終狀態的錯覺，但敏捷是沒有終點的。敏捷是一種不斷改善的狀態，認同並接受現狀會不斷的被我們自己的意志或外部動盪挑戰的狀態。

敏捷性是一個獨特且不斷發展的狀態，它反映了組織曾經歷和正在經歷的各種教訓和學習，在這個過程克服了特定困擾和障礙，也不可避免的進行了許多檢視和調適。敏捷性是一個獨特的簽名，在組織內部的人員、關係、互動、工具、流程、實務方法、構造和跨組織的其他生態系統等方面都留下了印記，沒有模型可以預測、概述或截取這種獨特的簽名。敏捷是一條需要遠見、信念、毅力以及努力的道路。敏捷是一種高度調適的狀態，透過定期依據實際工作與可見結果來進行調適，今天有效方法的可能明天就行不通了，團隊、技術和業務的有效工作組合有可能在另一種組合就無效了。在複雜、創新、激烈的競爭和不可預測的世界中，沒有調適的檢視是沒有意義的，另一方面來說，沒有觀察和檢視的調適是沒有方向的。

面對不可預測的產出結果，實踐可能性的藝術，可以使人們參與其中並加速轉變，在未定的未來以及可能帶來的成就上興盛，成為塑造未來的動力。對於那些具有遠見、決心和足夠投入的組織而言，他們有擺脫遵循計劃或複製模型的勇氣，將迎來一個光明的未來。

這些基本真理必須存在於每一個使用敏捷思維去管埋、指引、促進、生活或領導轉型的人心中。即便如此，參與在轉型中的人仍需要時間去適應敏捷。畢竟，這幾十年來甚至更長的時間，人們都受到工業典範的「錯誤」行為的指導。

■1.6 結合敏捷與精實

精實（Lean）就如同敏捷一樣，重要的是要意識到它是一套思維工具，一系列相互交織的原則，這些原則可以教育、激勵、重視和指導人們不斷優化他們的工作和處理工作方式。精實原則是用有系統的方法，讓人用可持續和相互尊重的方式更快地產出更好的產品。

精實沒有一個正確標準、完全成熟、一體適用或統一的流程，被用來提供定義好與制定好的階段、角色、定義、工件、可交付成果等。對於產品開發或製造，精實流程應是根據其基本原理和思想進行設計，強調調適性，不斷調整以適應實際情況。*Bas Vodde* 和 *Craig Larman* 的《精實入門》（*Lean Primer*）線上文件 *[Larman & Vodde, 2009]* 在介紹精實的起源、原理和思想方面做得非常出色。

1.6.1 精實的主要面向

人

任何聲稱是精實的系統，基石都是人。「人」指的是精實產品開發 / 建置系統的整個生態系統中，不論內部或外部，每個可能的參與者：包括客戶、工作者、團隊、供應商和管理者。

所有人都以自己的方式為製造產品做出貢獻。他們透過協作，來減少階段交接、延遲和等待時間。他們自主地做出決定，並專注在知識的取得以及持續學習。管理者像是老師，身處於工作現場鼓勵、促進精實思維系統；幫助人員了解如何反思自己的工作、工作成果以及如何製造更好的產品。整個系統體現了「改善」（*Kaizen*）的精神：一種不斷思考流程、產品和可能的改善的態度。發生問題時，系統中的每個成員都可以「停止作業」[2] 來查明問題的根源，以便提出或採取對策。

---

2 這是指豐田（Toyota）起源於精實的生產線流程，每一個在生產線上的人都有權利在發現問題、缺陷或品質不佳時，叫停生產。

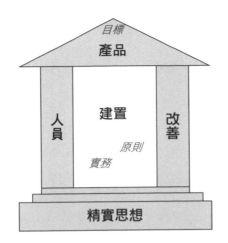

圖 1.5　精實殿堂

價值鏈中的每個人都以整體的方式工作。與供應商和外部合作夥伴的關係不是基於大量採購、重大談判和相互施壓的傳統方法，而是在相互分享利潤（和風險）的基礎上建立關係。精實合作關係相互的成長。

浪費

在討論到浪費這個主題時，重要的是**避免浪費**，而首選方法是透過持續改進和小幅度優化。另外，「浪費」指的是過程流程，而不是用來減少人員的藉口。

顯然無論如何注意避免浪費，浪費都會發生。改善精神驅使所有人對日常工作保持承擔、警覺與挑剔的精神，當檢測到浪費時，採取行動消除和預防浪費成為一種自然反應。

價值流對應圖（*Value Stream Mapping*）是一種辨識結構性浪費的方式。從「概念」到「現金」的過程中的所有步驟和階段都在時間表上列出，活動可能被標記為「有增值」或「無增值」，沒有直接增值功能的活動，也可以被標記為必要。價值比率是用投入增值活動與浪費活動的時間比例來計算，得出的數字可以作為衡量改進的基準。但是，與所有改進活動一樣，沒有明確的最終目標，也沒有最終狀態，改進本身就是目標。

庫存、在製品（WIP）與工作流（Flow）

精實追求好的連續性和工作流。生產過剩和庫存過多會破壞工作流，並可能會延遲發現和解決品質問題。同時這也是一種不尊重，因為它迫使人們去做實際上可能永遠不會被使用的工作。庫存的成本昂貴，而且讓組織容易遭受損失。

精實透過「即時生產（Just in Time）」模式，只生產即將要使用的材料——當流程中的後續步驟發出拉（*pull*）信號時——來限制「在製品」（和昂貴的庫存）的數量。**看板**（*Kanban*）的作用是在製造系統中作為實體信號卡，看板應連接到庫存清單，反映庫存水平，僅當材料被使用的夠多並且信號產生時才生產新零件。

1.6.2　實現精實

就像敏捷一樣，許多組織對實施精實感到困難。除此之外，組織也在實施敏捷和精實的結合中苦苦掙扎。

一般來說，公司在表達對「精實」的渴望時會提到管理或組織問題，另一方面，如果他們只是想「採用敏捷」，則大多是指產品開發中的問題。但是，不論敏捷或精實都沒有提供一種神奇的現成解決方案（銀彈）。

不幸的是，精實太常侷限於在用來**消除浪費**。僅從工具箱中選擇一個元素來使用，是對單一面向過度關注。如果違反了原則本身，並且將「消除」應用於（開除）**人員**，而不是作為改善**流程**和**結構**的手段，只會讓情況變得更加糟糕。廣受歡迎的「削減成本」管理運動傾向於將這種重要的精實實務扭曲為將人們的工作認為是經常性的開支，而不是價值。潛在的信息就是從事這項工作的人是浪費的…而且是可拋棄的。

因為這種普遍的誤解及其對精實的片面觀點，要建立出正確的認識將是一段漫長的旅程，精實主軸在於尊重人員以優化價值和品質。精實更多地是關於人員為了產生效益而共同努力的情境，而不是持續地過

分強調結果和績效。它促使去中心化的決策機制，代替「命令與控制」、大老闆行為、微管理、超額分配和細節指派的艱鉅工作。

還有很長一段路要走，才能從誤解到對理解精實不只是一些實務作法，理解精實是一種思想，在沒有明確標準的最終狀態的情境，人們不斷對日常工作進行反思和自我改善。

 敏捷能有幫助。

敏捷和精實之間有非常多的相似處值得探討。某些管理或治理哲學不應混為一談，因為這將產生含糊的混合物，而其各自的獨特風味以及益處也會消失。但是，就敏捷和精實而言，我相信不僅**可以**將精實和敏捷結合起來，而且將產生更強大的結果。

精實和敏捷是真正的**調合哲學**，精實興盛於一種有力但典型思維，而敏捷則具有獨特的觀點，這些觀點不僅非常符合精實的主要原則，並且在針對產品交付的目的進行了非常具體的實施。

1.6.3　敏捷和精實的調和哲學

《精實敏捷的調合哲學（*The Blending Philosophies of Lean and Agile*）》同時也是我針對該主題發表的一篇更詳細的論文的標題 [Verheyen, 2011]。在這裡，我僅介紹一些敏捷與精實一致的明確策略：

- **潛在無用的庫存**：在軟體開發和其他形式的複雜工作中，產出詳細需求、完整的細節計劃、設計等被視為一種責任，但他們其實不是資產，而是可能不會被使用到的工作。敏捷避免預先設想出任何可能的細節，而是替換成逐漸顯現與立即需要的工作。如果一項工作在一段時間後才可能會被實現，就表示這工作很有可能不會被執行，就算被執行了，在此期間期望的細節可能已發生變化。透過實作和釋出後獲得的經驗，也可能因此發現了另一個更好的處理方法。我們只詳細規劃即將到來、順序最高的工作，因為這是即將在下一步進行的工作。但即便如此，團隊也只會投入

規劃他們認為一個迭代可完成的工作量，並在實際執行時，最高以每天為單位，採用漸進式學習和持續改進的方式進行。

- **部分完成的工作**：尚未完全完成的工作，「馬上就好了，我只需要再多一點點時間」的這種工作，是一種重要的已知浪費類型。在敏捷過程中，每次迭代的目標是生產一個可使用的產品。看得到的結果中不包含未完成的工作。限時（Time-boxing）是一種時間管理技術，用以協助團隊專注於完成當前的工作。

- **功能的使用**：研究表明，用傳統方式建置的（軟體）產品中幾乎只有 20％的功能會被定期使用 [Standish, 2002; Standish 2013]。無論是對開發方或是維護方，未使用或未被充分使用的功能都代表浪費了大量的精力和預算。透過了解並代表客戶和用戶的人員積極協作可防止產生不必要或無價值的需求，並幫助團隊專注於可能真的會被重視的最小功能集。關注「想要的」需求，不僅節省了開發預算，而且還可以保持較低的未來維護和維運成本，並且迭代增量流程可以根據對交付價值觀察到的有效的回饋（或沒有回饋）以及新的價值機會，來定期調整產品。

敏捷對於持續改善有著明確的策略，因此利用改善的精神：

- 敏捷團隊的工作計畫每天會檢查並更新。
- 在迭代結束時的產品版本將會被驗證（無論是已釋出還是處於可釋出狀態），以便收集回饋、評論、改善和加強。
- 團隊的工作、協作、溝通和執行的過程，都定期透過迭代回顧被驗證。

敏捷是對**整體的優化**，透過要求客戶或客戶代理人表達和排序工作，積極參與開發過程，釐清功能和功能取捨，在實作中也如此。團隊擁有的所有技能，是為了在一次迭代之內將最多的概念、選項與需求實作出來。

敏捷透過避免傳統的階段交接和外部決策等等待活動來優化價值流，從而縮短週期時間。沒有宏觀的階段交接，即跨部門和組織的交接，這通常發生在將工作階段以不同的專業切割的循序型工作組織。同時團隊承擔共同責任，也沒有微觀的階段交接，即團隊內個人之間的責任移交。

總的來說，敏捷的策略和原則與所有主要的精實原則都一致，甚至可以加以相互利用，如下表所示：

精實	敏捷
對人的尊重	自組織團隊
改善	檢視與調適，縮短回饋週期
避免／消除浪費	拒絕沒用到的規格、架構、或基礎建設
拉式庫存（看板）	依團隊產能規劃工作
視覺化管理	資訊輻射站
內建品質	完成的定義、開發標準
客戶價值	商業面的主動協作
整體最佳化	完整團隊合作（含利害關係人）
快速交付	具有工作增量的限時迭代
導師式管理者	服務式領導

圖 1.6　精實與敏捷原則的一致性

2 Scrum

■2.1　Scrum 之家

Scrum 之家是所有人都受到**歡迎**的溫暖之家。

圖 2.1　Scrum 之家

在 Scrum 之家,來自不同背景、扮演不同角色、擁有不同技能、天賦與個性的人,一起工作、學習並且進步。Scrum 之家是一個充滿溫暖、開放以及合作關係的包容之家。

Scrum 之家沒有「對立」，所有的隔閡都被移除，而不是延續或建立。在 Scrum 之家沒有商業與 IT 的對立；沒有團隊與外在世界的對立；沒有 Product Owner 與利害關係人的對立；沒有開發與技術支援的對立；沒有測試者與開發者的對立；沒有「我的」團隊與「你的」團隊的對立；沒有 Scrum Master 與組織的對立。Scrum 之家是一個充滿活力的好地方，產品開發因為自主學習的人員的綜合創造力而成功。

Scrum 之家有助人們遠離僵硬古板的行為與組織結構；其中的個人、團隊、與整個運作系統能有彈性地面對不確定性以及內部的緊張與外在的壓力。在 Scrum 之家，人們能夠在各種層面進行探索、感知和調適，包含策略與戰術，從需求到計畫、目標、市場、技術等各層面。

Scrum 有助更好更快地交付產品，更棒的是，所有參與者皆感受到活力與工作的樂趣，不論是創作產品和服務的人、工作成果的利害關係人、使用產品及其服務的人或任何提供意見、回饋與讚賞的人。經由 Scrum，工作環境變得人性化。

■2.2 Scrum 這個名字是？

Scrum 這個詞最早由兩位知名的管理思想家竹內弘高和野中郁次郎，在 1986 年發表的突破性論文《*The New New Product Development Game*》[Takeuchi & Nonaka, 1986] 中提到。

論文中的研究指出，當團隊作為小型、自我組織的單位被賦予目標而非任務時，能在開發複雜的新產品中取得出色的表現。表現最好的團隊是有方向的，並且能自行制定最佳地實現共同目標策略的團隊。團隊需要自主性才能實現卓越。管理層不應該每日干預，而是作為投資者，從開始就提供指導、資金與精神支持。他們使用 Scrum 這個橄欖球比賽的術語，由此強調團隊合作對於新產品開發的這個「賽局」的成功，有著和贏得橄欖球比賽中一樣的重要性。

…如同在橄欖球賽中，球在團隊之間傳遞，整個團隊以一個整體的形式在球場中行動。

Takeuchi Nonaka, The New New Product Development Game (1986)

圖 2.2　橄欖球賽中的 Scrum

Jeff Sutherland 和 Ken Schwaber 在 90 年代初期構思了應用於敏捷開發的 Scrum 流程，並於 1995 年於美國德州奧斯丁的 OOPSLA[3] 的年度會議上初次發表了 Scrum 這個理念。[Schwaber, 1995; Sutherland, 1995]

他們在論文中，沿用了竹內弘高和野中郁次郎論文中「Scrum」這個詞，並提出用來開發和維護複雜的產品的 Scrum 框架。如果團隊成員在工作中只需要負責處理可執行的任務，並且所有的工時都被預先塞滿了這種工作，他們將會受困於狹隘的心態。從現實與實際經驗

3　Object-Oriented Programming, Systems, Languages & Applications.

來看，已被預先定義的解決方案無論都是較差的選項，或者是難以實施的選項。團隊成員都不會有超越既有指示的思考或見解。只要不是被要求的方案，他們就不會對更好的解決方案保持開放性，就算這個方案能夠更好的回應當下的情況、改變或是發生的事實。他們只會專注於執行被指示的工作，不去思考不一樣的想法或選擇，不去處理自然存在於產品開發或技術研發中的不穩定。這種把人當機器人的工業模式阻礙了團隊集體智慧的建立，從而將他們的工作成果限制在中等水平。

在第 1.6 中有提過精實與敏捷明顯地相似。在《*The New New Product Development Game*》論文中，可以發現 Scrum 和精實也有相同的關聯性。

論文的作者們非常熟悉並且擁護精實。在他們的職業生涯和工作過程中，他們研究並描述了多家著名的精實公司。但是他們從未使用「精實」一詞。

在竹內弘高和野中郁次郎的論文中，他們用「Scrum」來形容精實的心跳，用來區別在複雜產品開發中的應用。他們想要表達的信息是，如果這個心跳（Scrum）沒有被落實，只有採用周圍的相關的實務作法，使用「精實」對於開發複雜產品的公司是沒有幫助的。基於很多精實的實務都有類似的情況，作者們傾向取消對相關管理實務的關注，而加強心跳與精神的重要性。

因此他們不提到精實，而是聚焦於其核心的驅動引擎 -Scrum。他們極少講到精實，因為精實幾乎已經成為豐田生產系統管理實務的同義詞。

「Scrum 應當是所有精實實務的核心。」[Sutherland, 2011]

■2.3 我看到的是一隻大猩猩嗎？

軟體開發實務的進化已經持續很長一段時間了 [Larman, 2004]。1995年已有將 Scrum 流程用於敏捷軟體開發的記錄。敏捷運動始於 2001年 [Beck, et.al., 2001]。這種新典範迅速札根，採用率也一直在穩步增長，甚至跨出軟體開發產業。

Geoffrey Moore 的「技術應用週期模型」（Technology Adoption Life Cycle，TALC）[Moore, 1999; Wiefels, 2002] 普遍被接受用於呈現新產品或服務的應用週期。

Geoffrey Moore 的模型的建立基於觀察到技術產品或服務的應用模式的差異，這些差異代表了一種顛覆性的新典範，造成創新中很重要的一段不連續性。Moore 認為普遍的應用階段和受眾模式符合傳統的產品應用週期，呈現出了產品的連續演進。但是在早期市場階段之後，Moore 觀察到一段停滯時間，並將其增加到模型中。這段時期應用的變化進入停滯，在進入下一個保齡球道階段的之前，這段時間的長度無法預測。有些產品甚至從未擺脫過這種停滯狀態而就這麼消失了。Moore 稱這段時期為鴻溝。

在保齡球道這個高度動盪的階段，會出現一隻大猩猩——市場領導者。在隨後的階段，直到產品從市場消失之前，這隻大猩猩——市場領導者——很難被推翻。

除了使用敏捷來交付可能具顛覆性的創新技術產品與服務外，敏捷本身在技術市場上也是一種具顛覆性的新典範。

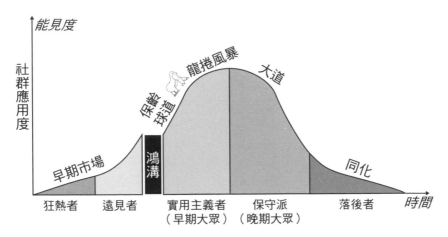

圖 2.3　技術應用週期

從第一個敏捷流程（avant la lettre）的出現和 2001 年正式使用「敏捷」一詞以來的那些年，就是敏捷典範的**早期市場**階段。

2007 年前後，敏捷跨越了鴻溝。在那時關於敏捷的記錄大多是傳聞，並且大多是基於個別企業應用、單一案例和個人故事講述，這在應用生命週期的早期階段中很典型，這個階段大多會吸引狂熱者和有遠見的人，但是一旦鴻溝被跨越，敏捷也就能吸引更廣泛的受眾，即早期多數實用主義者。他們通常會關注未經充分驗證的典範具有哪些商業優勢，並將其解決問題的能力與現有典範進行比較。Yahoo! 將他們在 2008 轉型的經驗記錄下來，成為這些年來大公司轉型敏捷的重要案例 [Benefield, 2008]。

2009 年第三季，Forrester Research 和 Dr. Dobb's [Hammond & West, 2009] 在全球 IT 人員中進行了一項研究，其中包含了「最接近你當前開發過程使用的方法」的調查。或許令人驚訝，但有 36% 的參與者表示他們使用敏捷，只有 13% 的參與者使用瀑布式[4]。這證實了普遍的設想，即敏捷的使用確實已逐漸超越瀑布模型，敏捷已經成功跨越了鴻溝。

4　31% 的人表示他們並未遵循任何開發模式。21% 的人表示他們使用迭代開發。

2012 年 4 月，Forrester Research [Giudice, 2011] 發佈了有關全球軟體應用程式開發中使用敏捷的調查結果，研究指出「IT 行業正在廣泛採用敏捷（...）」，並且發現敏捷的採用不再只限於小型企業。在轉型到敏捷的公司中，大型公司組織也佔了很大的比例。Forrester Research 還發現「短期迭代和 Scrum 是最常見的敏捷實務」，並且證實了 Scrum 是敏捷軟體開發中最常應用的方法，也驗證了 VersionOne 進行的年度「敏捷開發狀況」調查的結果 [VersionOne, 2011; VersionOne, 2013]。

儘管採用 Scrum 並不專屬或限定特定領域，Forrester 卻發現金融服務行業展現出非常高的敏捷採用率，這頗讓人意外，畢竟大型金融機構本質上是非常規避風險的。但在 2008 年全球金融危機之後，許多人成功的開始採用 Scrum，如我的記錄，可以以 2012 年為荷蘭的一家大型金融組織為例 [Verheyen & Arooni, 2012]。

在後鴻溝時期的敏捷表現出許多進步與後退的動盪，這使我們無法清楚地區分敏捷已進入保齡球通道階段或仍在龍捲風暴階段。敏捷的後鴻溝時期是一陣強烈的震盪旋風，而 Scrum 則是這片混亂中穩定的錨點與參照。

在旋風中，目前已出現了三波 Scrum 浪潮。

- Scrum 的第一波主要是勘察浪潮。公司組織發現舊有的工業方法不再足以解決甚至修補 IT 和軟體交付中的問題，Scrum 被採用做為新的 IT 交付流程

- 在第二波 Scrum 浪潮中，大型組織也發現它們舊有的工作方式已走到盡頭。隨著 Scrum 進入這個新的市場區塊，「規模」和多樣性成為最重要的主調，儘管 Scrum 的術語無處不在，Scrum 的子團體和衍生團體開始興起，新的名字、運動和方法被發明、引入、推出但也常很快的就散去。

- 對簡單的渴望助長了第三次的 Scrum 浪潮，公司組織發現用複雜的方式解決複雜的問題只會讓事情變得更糟，第二波的（通常是複雜的）解決方案仍然無法處理過多的浪費、複雜的組織和基本障礙等問題。組織重新認識 Scrum，他們開始意識到並欣賞 Scrum 在基礎定義明確且陳述清楚的前提下，僅僅建立了一個使用框架，為多樣性的應用留出了很大的空間，他們開始了解到 Scrum 可以在檢視與調適的前提下使用許多不同的策略和技術。

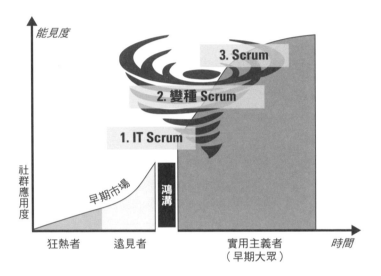

圖 2.4　第三波 Scrum 浪潮

當 Scrum 進入眾多非軟體領域，其在敏捷的後鴻溝時期佔據主導地位得到了證實。全球敏捷專家播種、施肥，為企業採用 Scrum 打下基礎，讓企業在開始使用 Scrum 時能感受到效果。旋風將開始平靜下來，但也可能是在改變位置或方向，盤旋在軟體、新產品和其他複雜的領域，那些 Scrum 的應用逐漸增加的領域。但，這段旅程還沒有結束。

> Scrum 成為用來評估、反對或加入敏捷的實際標準。Scrum 已經成為敏捷方法家族的大猩猩。

■2.4 框架，不是方法論

Scrum 紮根於新產品開發理論 [Takeuchi & Nonaka, 1986]，幫助團隊透過自組織能力在動盪的環境中建立、交付和維護複雜的產品，Scrum 採用經驗主義的科學方法，能更好的去處理複雜性和不可預測性。「經驗主義」與「自組織能力」是嵌入於 Scrum 的主要原則，它們形成了 Scrum 的 DNA，是形成 Scrum 的生態系統的核心理念。

Scrum 使用目的清楚的實驗取代由計劃驅動的工業方法，這種實驗充分地發揮其參與者的認知與創造能力。Scrum 框架的定義有意識的去限制、最小化的必須元素，從而使每個元素都是必不可少的，若省略一個或多個元素會破壞 Scrum 的基礎設計，使得問題被掩蓋，而不是被揭露。

Scrum 實行的經驗主義是為了幫助人們基於透明的工作與結果去進行檢視和調適。Scrum 頻繁地進行事實檢查，以確保做出對未來最佳的可行決策，Scrum 有助於調整、調適、改變和取得彈性。所有的規則、原則和價值皆是為了達成以上目的。

Scrum 簡約的設計，並沒有詳盡而正式的規定該對如何設計和計劃所有參與者的行為，或列出他們在某個時間點的預期行為，更不用說工作該如何記錄、維護和保存，對於要生成的文件類型和可交付成果也沒有預先規範的規則，也沒有指示明確的生產時間。Scrum 指出設置、增加和依靠階段交接、關卡和控制會議，是造成延遲、浪費和不尊重的主要原因，但仍交由組織自行決定是否移除。

在軟體開發領域，「方法論」被設計成有嚴格的步驟順序、流程和程序，並對每個步驟、過程或程序的有預定義的執行邏輯與執行人。遵循這些條例才有希望成功。「方法論」期望用階段、任務、必要實務和形式、可執行的技術和工具等元素來代替人們的創造力、自主性和智力。但在感知環境中服從方法論只能確保找到正式的責任歸咎，卻不能確保工作成功。方法論依賴高度的可預測性來得到高產量，但複雜的產品開發並沒有那麼高的可預測性，它的不可預測性遠高於可預測性。

有別於這種大量強制元素和完整條例的組合，Scrum 不是一種方法論，Scrum 不用預先設定好的規則系統方法，取而代之的是尊重人員和自組織，以探索式方法來應對並有效解決不可預測且複雜的挑戰。

如果將 Scrum 稱為一種「流程」，那肯定不是個可重複的流程。有點難解釋，因為「流程」一詞通常預期會包含某些規則系統和可預測的步驟，有著可重複的動作以及可執行的由上到下的控管。以方法論來說有這樣的期望是很典型的。

如果要稱為「流程」，Scrum 是**服務式**的流程，而不是**命令式**的流程。對所有參與者與他們的工作流程，最好的做法會在使用 Scrum 的過程中逐漸顯現，而不是被 Scrum 定義所要求。當參與者到觀察到產出可能與預期的不同時，他們就會去找出彌合這個差異所必須執行的工作，Scrum 是一個有助於找出最有效的流程、實務作法和結構的方法。Scrum 創造一種邊界，一種可以幫助人們去找出一種不斷去適應實際情況和當前情況的工作方式。Scrum 是…一個框架。

> Scrum 框架對行動設置了一個有邊界的環境，並交由其中的人們自行決定在這些邊界內該採用的最佳的行動。

■2.5 加入賽局

在充滿複雜挑戰的動盪的企業、組織、業務和市場環境下，Scrum 作為一種敏捷開發的框架，能夠優化有價值產品與服務的產生。

Scrum 保留很大的空間讓參與者發揮個人創造力並針對特定情境發想策略，但同時也相當要求參與者的紀律。整體遊戲規則的基礎是出於對參與者的尊重，並透過精巧設計並平衡的責任分配來展現。尊重遊戲規則、不要鑽規則或角色的漏洞、不要忽略經驗主義的基礎，就可以為參與者帶來最大的快樂與效益，同時也為使用者與企業帶來最好的結果。

Scrum 賽局板顯示了 Scrum 必要的所有基本元素和原則，展示了 Scrum 賽局的參與者、工作物件（Artifacts）、活動和主要原則，並透過 Scrum 規則將這些元素綁定在一起。

圖 2.5　Scrum 賽局板

2.5.1　參與者與責任

Scrum 透過三種同等的責任來組織參與者

- Product Owner；
- Developers；
- Scrum Master。

這三種責任組成了 Scrum Team。

這三種責任彼此完善，成功的關鍵是互作協作。

Product Owner 是單人的參與角色，負責確保創作的過程中的商業觀點；負責在多人的 Developers 前代表所有內部和外部的利害關係人。對 Product Owner 來說，能夠定期不斷地積極與團隊的參與者互動是極為重要的，儘管他可能在 Scrum Team 之外還身兼策略性產品管理任務。

Product Owner 確保 *Product Backlog* 的存在，並基於產品願景與對未來的長期發展來管理 Product Backlog。產品願景描繪了產品存在的**原因**，從產品願景可以得出特定的 Product Goal。產品可以是有形或無形的商品或服務（也可能更為抽象，例如特定步驟、流程或行為結果）。採用 Scrum 時，考慮「產品」是什麼是極為重要的：產品界限是什麼？它的消費者和利害關係人是誰？以及如何提供價值？

Product Backlog 羅列出了對正在建立和維護的產品所有可能需要的工作，這些工作包括功能性和非功能性的期望、優化、修復、修補、發想、更新和其他類型的需求。如果有人需要知道產品有哪些計劃中的已知工作，只需要查看 Product Backlog 即可。

Product Owner 向團隊闡述 Product Backlog 中展現的業務期望和想法，並排序 Product Backlog 中的項目來優化讓價值的產出流程。Product Owner 透過管理賽局的預算來讓產出價值、工作量與時間的平衡最佳化。

Scrum 的參與者們負責將 Product Owner 所闡述並排序的 Product Backlog 項目轉換成可釋出產品版本，他們負責從頭到尾所有需要的開發活動。「開發」這個詞代表所有 Developers 在 Sprint 中為了產生產品的**增量**（*Increment*）所進行的活動與工作，根據情境的不同，它可能包括但不限於建立測試案例、測試活動、程式編寫、製作文件、整合、釋出活動等等，它涵蓋了所有必要的工作，以確保在 Sprint 結束前達成產品增量，並且在技術上可以將產品或服務發布給用戶和消費者。這種增量的狀態被稱為「Done」，達到此狀態需要滿足的品質和標準被稱為「Definition of Done」，推動著 Developers 進行的開發工作。在 Sprint 中，可以有多樣增量被創造，但只有 Done Increments 可以被釋出。

團隊有一套開發標準來描述實施的方式，從而保證定期釋出所需達成的品質水準，並且為賽局的進行提供了適當的透明度。

參與者在 Product Backlog 上會設置指標，來代表執行要花費成本或工作量，透過此指標，參與者可以在 Sprint 開始時選出他們假設可以在該 Sprint 執行的工作量。透過逐步演進的工作指標與已驗證的經驗比較，來預估每個 Sprint 可以完成的 Product Backlog 工作量。

Scrum Master 是一個單人參與角色，在賽局中服務團隊和組織內的所有相關人等，Scrum Master 服務、教導、訓練和指引大家去理解、尊重和了解如何進行 Scrum 賽局，Scrum Master 確保遊戲規則被充分理解，並消除任何阻礙或防礙團隊前進的因素，這些因素稱為 Scrum 中的**障礙**（*Impediments*）。

Scrum Master 激發參與者不斷追求更好的的渴望，透過幫助其他人更擅長使用 Scrum 來達成 Scrum 的實踐。

2.5.2　時間

Scrum 遊戲中的限時迭代被稱為 *Sprints*。透過 Sprint，參與者得以在最少外部干擾的情況下，專注於完成賽局的目標，達成所謂的 *Sprint Goal*。

Scrum 中的所有工作都在 Sprint 中進行規劃、組織。Sprint 沒有分類型，每個 Sprint 的目標都是交付有價值的產出，也就是（產品）*Increment*。Sprint 的持續時間通常是一到四個星期，並永遠不會多於四個星期。

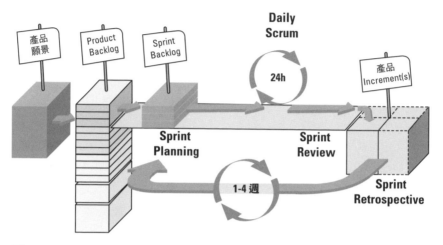

圖 2.6　Scrum Sprint 總覽

作為一個容器活動，Sprint 中包含了其他 Scrum 活動，每個活動都是有限時的，同時提供調適的機會：

- Sprint Planning；
- Daily Scrum；
- Sprint Review；
- Sprint Retrospective。

限時的活動讓參與者能快速的對新的機會做出回應，並對變化和進化做出調適。

每個 Sprint 都是由一個 *Sprint Planning* 開始，來將當前 Product Backlog 中的工作拉入 Sprint 中。團隊依據他們預期達到完成到可以釋出所需要做的工作，來選擇在這個 Sprint 中可行的工作量，並對此負責。選擇工作是一個預測，代表團隊在選擇當下對其能力的見解，這個見解是透過檢視過去的 Sprint 中平均完成的工作量，與即將到來的 Sprint 中的生產能力進行比較，來提高預測的準確性。團隊也會與 Product Owner 討論產品的其他詳細信息，並且尊重 Product Owner 的觀點。

選定的工作被設計、分析並擬定成可以在限時的 Sprint 中執行的工作計劃，組成 *Sprint Backlog*（如何做）。與此同時，Scrum Team 確認 Sprint 的意義，完善 Sprint 的內容並為其設置一個目標，*Sprint Goal*（為什麼做）因此產生。Sprint Goal 可以是產品的預期狀態或其他有意義的結果，代表了這個 Sprint 為什麼值得花費精力和投資。Sprint Planning 的時間絕不可以超過 8 小時。

工作開始於共同制定的計畫，直到限時的 Sprint Planning 到期或因為目標達成而提前結束。為了管理和追蹤開發工作，開發團隊組織了一個每日的、短時間的活動，稱為 *Daily Scrum*。這是一個即時計劃的活動，團隊依據 Sprint 的實際進度，優化即將開展的工作計劃，並依據 Sprint Backlog 這個持續變化的工作物件狀態來進行調適，以此達成 Sprint 目標。Sprint Backlog 上的真實進度必須是視覺化的，如果實際進度會影響預測，則需要與 Product Owner 交換資訊並進行討論。Daily Scrum 的時間絕不可以超過 15 分鐘。

隨著 Sprint 的進行，團隊的協同工作將使產品與服務產生 Increment，如果 Increment 是「Done」並被認為是有用的，則該 Increment 可以立即被釋出。團隊外部沒有人應該指導團隊如何進行，或者誰應該在 Sprint 中進行什麼工作，團隊應當是自我管理的。

在 Sprint 結束時，*Sprint Review* 中將會檢視產品的 Increment，來確認功能是否適合釋出，如果是已釋出的 Increment，則檢查實際使用情況，並了解接下來要處理的工作。Product Owner 透過在 Sprint Review 中展示 Product Backlog，並參照產品長期願景 Product Goal 來進行調整，來確保資訊的高度透明。在審視產品 Increment 時，所有參與者（至少包含 Scrum Team 和他們主要的利害關係人）都可以分享期望的變化、回饋和新的理解，這些資訊將進入到 Product Backlog 中，這些需求被滿足的時機取決於 Product Owner 的排序以及團隊可持續的發展進度。Sprint Review 的時間絕不會超過四個小時。

一個 Sprint 由 Sprint Retrospective 作結束。Scrum Team 將檢視並反思整個「流程」，涵蓋了工作的所有面向：是否適宜釋出產品、交付的價值、技術、人際關係、Scrum 流程、開發實務、協作、產品品質等。基本上這個活動是為了了解哪些事進展順利，有哪些事可以被改善以及可以嘗試哪些實驗來更有效的學習並建置更好的產品。

作為持續改進的一份子，Scrum Team 同意對下一個 Sprint 進行延續、調整、實驗和改進。一次 Sprint Retrospective 不超過三個小時。

> Scrum 只認可 Sprint，並且每個 Sprint 的目標都是至少交付一個可用產品或服務的版本，即產品 Increment。產品的可用版本被視為衡量進度的唯一方法。

為了維持節奏與基本的穩定性，Sprint 的長度會維持數個 Sprint 不變。這是開發的心跳，有助於團隊了解在 Sprint 期間可以完成多少工作。

在 Sprint 中完成的工作量有時被稱為 *Velocity*，表示團隊在過去的 Sprint 中能夠 Done 的工作量。Velocity 是指在一個 Sprint 中達成 Done 的工作量或成本單位的總和，通常只適用於描述特定一個團隊與這個團隊的成員組合。

適當的 Sprint 長度有助於善用逐步顯現或之前未預料到的新商機。協作式的 Sprint Review 讓 Product Owner 獲得在後續 Sprint 中進一步提高產品價值的最佳資訊，以及如何在下一個 Product Goal 上取得最大的進步，同時保持風險、工作量、預算和相依性之間的平衡。

Sprint 的長度也可能取決於團隊可以多長的時間不透過 Sprint Review 與利害關係人進行討論。畢竟 Sprint Review 是依新的策略或市場方向進行調適機會。

如果缺少至少每四周一次與利害關係人進行交流的機會，將會影響團隊對市場、業務發展和新策略的理解，團隊會因為學習和調適機會減少而面臨困難。一個 Sprint 可以短於四週，但永遠不能多於四週。

2.5.3 追蹤進度

透過追蹤和視覺化工作的總體進度，來揭露進度的**趨勢**並進行預測，這是一種基於已驗證的和可觀察的過去，來展望不確定的未來的方法。

我們必須考量複雜性，並誠實地定期評估剩餘的工作量，才能夠保持對真實環境作出調適的機會，並盡可能地做出最佳的前瞻性決定：

- *Sprint*：在 Sprint 中，進度的追蹤是以每天為單位。Sprint Backlog 必須呈現要完成 Sprint 目標所需的最精確、真實的後續工作計畫。

- **產品**：進度是以基於 Product Goal 而產生的 Product（Backlog）為基準，並於 Sprint Review 中進行分享與更新。在過去 Sprint 中驗證過的進度，可以讓 Product Owner 與利害關係人預估釋出其他個別功能或功能組合的日期。

Scrum 用來視覺化進度的經典方式是使用**燃盡圖**（*Burn-down chart*），燃盡圖會顯示總剩餘工作量的變化：

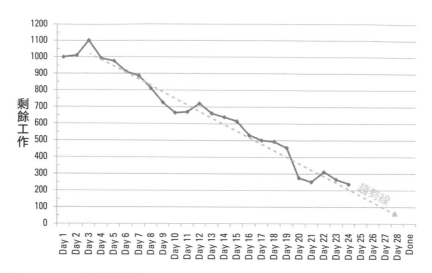

圖 2.7　Sprint 燃盡圖範例

但參與者可以決定採用任何他們認為最能代表進度狀態的方式來表
現進度，可以是燃盡圖、實體的 Scrum 看板、反向燃盡圖（Burn-up
Chart）（比如用累積價值來記錄），或使用累積流量圖（Cumulative
Flow Diagram）來加強工作流的視覺化：

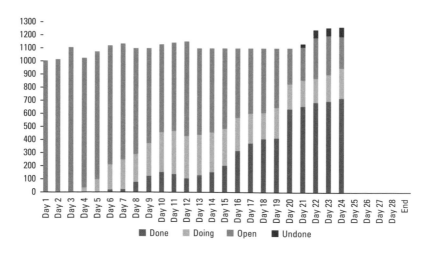

圖 2.8　累積流量圖範例

2.5.4　Product Backlog 的價值

Product Backlog 的價值不在於完整性、精確、細節清楚或完美，也不在於展現每個可能的時間範圍內的每個可能的需求以及需求細節。Product Backlog 的價值在於透明性，在於揭露需要做什麼才能創建最小可行產品或最小有價值產品（或產品 Increment），以及要達成的 Product Goal。Product Backlog 公開展現了團隊為創建產品可釋出的版本而必須處理的所有工作、開發、規範作業和限制。

Product Backlog 是一個為預想中的產品的實現、交付、持續維護、進化與發展，而將相關概念、功能和選項進行排序的列表。該列表當然必需包含並聚焦於功能與功能性，但也包括修正、維護、架構工作，還有安全性、規模化、穩定性和效能等工作。在建立 Product Backlog 的項目時，項目應該是具有價值，或者有助於增加價值的。

Product Backlog 中的每個項目的細節都只剛好足以代表其價值。項目有意地不夠完整，來鼓勵團隊進行具體的討論。每個項目都是一個預留空間，以便在適當的時候對此項目進行討論。

Product Owner 對 Product Backlog 以及其所包含的 Product Goal 負責。但 Product Backlog 仍要應考慮技術和開發層面的意見。他也要考量項目間的依賴性、非功能性需求和組織的期望。

Product Backlog 應逐步進行精鍊，所以需要對產品的可能性進行增量管理：

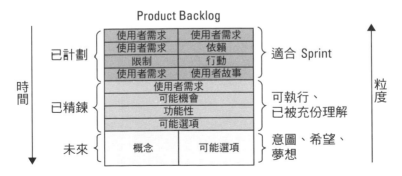

圖 2.9　Product Backlog 的遞進發展

Product Backlog 是一個持續變化的工作物件，隨著開發的進行，持續被精錬、調整和更新，並由 Product Owner 持續地整理、調整排序。Product Backlog 的排序代表明確的優先順序，而非只是重要性都一樣的項目群組。持續堅持對項目只做「剛好足夠」的描述與設計，省略不必要的細節，來確保這個項目如果最終沒有被製作、在很久以後才實行或是用不同方式執行時，不會浪費過多的金錢和時間。

「使用者需求（desirement）」一詞非常適合描述 Product Backlog 項目的粒度。Product Backlog 項目的描述和細節介於使用者期望（desire）和所謂的功能需求（requirement）之間的程度。「使用者期望」過於模糊難以執行，而（傳統）「功能需求」則過度具體和過度詳細。過度詳細的規格反而會妨礙技術的最佳使用，降低不同功能之間的互用，一但發生變化，就算是很小的更改，也還是浪費了金錢。

使用者需求會依序從 Product Backlog 進入 Sprint Backlog，再成為可用的 Increment。Product Backlog 的排序已經考慮成本 / 工作量、依賴性、優先級、相關性和一致性等因素的複雜組合，但別忘記考量 Product Backlog 項目的預估價值。

Product Backlog 項目的核心因素是成本和價值：

- **成本：** Product Backlog 的成本或工作量通常以抽象且相對單位表示。已經發生的 Sprint 讓我們得到一個 Sprint 平均可以將多少工作（以選擇的單位顯示）轉換成為 Increment。有了這些經驗，我們將可以預期 Product Backlog 中的某個項目未來什麼時候可以成為產品的一部分。這是一種預測，但不是要求參與者計算出精確的結果，畢竟任何對未來的投射都會受到當下的知識和環境限制。

- **價值：** 敏捷的一項重要原則是「透過盡早並持續交付有價值的軟體來滿足客戶」[Beck, et.al.,2001]。如果 Product Backlog 沒有（商業）價值屬性，Product Owner 就不知道某項功能、概念或功能集合能帶來的多少價值。價值取決於企業的類型、產品的類型及其市場，它可以是相對或計算的指示；它可以是金錢，也可以只是抽象的重要性。Product Backlog 的價值有時是間接的，忽略這個項目可能會削弱系統甚至是組織的價值，忽略這個項目的優先排序可能會產生負價值或破壞未來創造價值的能力。

這樣的價值概念幫助 Product Owner 及利害關係人擺脫完美產品的（錯誤的）想法，不需要在產品（考慮）釋出之前就全部完成，而是將大家的重點轉移到最小可上市產品的釋出，以及能有效為市場帶來價值的最小量工作。Product Backlog 展現了下一步的 Product Goal 以及項目、功能和非功能性需求等組成的關聯性功能集合。

> Product Backlog 是 Scrum 全部的必要計劃。有需要時，透過使用者需求就足以預測時間與範圍。Product Backlog 項目依據正確的屬性來進行排序，而不僅僅是排列優先級而已。

2.5.5 Done 的重要性

Scrum 的經驗主義只有在透明的情況下才能正常運作，透明化需要有共同的標準來施行並檢視。Definition of Done 為 Scrum 中需要完成的工作與已經完成的工作提供了透明度。

達到 Definition of Done 表示產品 Increment 已達成釋出並給最終用戶使用時，所須達到的品質和標準。為了達成上線品質，Definition of Done 包含產品上線品質的描述，也包括所需的活動、標準、任務和工作。「Done」是團隊對 Increment 的品質保證，必須有 Definition of Done，才能在 Sprint Planning 進行了解並計劃創造有用的、可釋出的 Increment 所需的工作。

所有參與者都應該清楚 Definition of Done。發布決定或 Sprint Review 中的 Increment 檢查都不應被未知或未完成的「開發」工作影響。為了達到 Done 的等級，所有工作都應在 Sprint 中被執行。

透明化不僅指能被看到，同時也要能被理解。Definition of Done 的內容應該要足夠清楚，不需額外的說明。

一個專業的組織會定義品質標準。依賴於產品或服務來發展的組織通常有適當的產品品質定義，透過標準、準則、規則、服務水平和其他期望來呈現給所有參與者。專業產品開發者團隊是組織的組成部

分，他們會遵守組織設定的各種產品標準，而不是獨立的暴徒工程師集團。

就算組織提供了基本的 Definition of Done（包含開發、工程、品質與營運領域），團隊仍可以依據實際情境、產品、版本或技術來自行補充完善。在沒有組織準則的情況下，專業的人員應當自主為他們的工作建立適當的 Definition of Done。

品質是 Scrum 的核心，透過有共識的 Definition of Done 來進行。Increment 不能包含未完成的工作，未完成的工作也**絕不能夠**進入上線產品。在 Sprint Review 上，基於 Definition of Done 來檢視 Increment，過程中的協作對話可能包括品質以及組織中對品質定義的相關需求，這將有助於團隊在後續的 Sprint Retrospective 中考慮 Definition of Done 的適當性。在考量利害關係人的回饋的同時，開發團隊的自組織能力驅使他們盡力做到所有可能的一切。

團隊之外的任何力量都不能簡化 Definition of Done。有關 Definition of Done 的決策可能取決於當前的技能、授權和系統、服務與界面的可用性。儘管對外部系統或介面的依賴可能造成 Product Backlog 需要重新排序，但是專業人員更偏好推進進度，並找出即使不消除依賴性，也能提高團隊獨立性的策略。舉例來說，團隊可以使用 stubs、mock-up 或模擬來處理不可用的系統或尚未解決的技術依賴。但是我們要意識到這項工作並不是真正的 Done，因為這個 Definition of Done 無法被釋出，系統中仍隱藏著未知的工作量，必須在某個時候完成該工作才能實際釋出產品，並且釋出的決定將會因此受阻礙。幸好，因為有 Sprint Review 來向利害關係人揭露出這個資訊，因此有機會在組織內或外採取適當行動。

> 透過 Definition of Done 來在 Sprint 中完成必要的所有工作，讓產品能夠被釋出，由此把握所有可能的機會。

■2.6 Scrum 的核心原則

圖 2.5 中的 Scrum 賽局板不僅顯示了 Scrum 的必要元素，還顯示了 Scrum 的三個主要原則：

- 共享的（視覺化）工作區；
- 自組織；
- 經驗主義（又稱為經驗流程控制）。

2.6.1 共享的（視覺化）工作區

為了使團隊正常運作並提高有效性和績效，團隊需要一個共享的工作空間來交互協作。團隊自行組織能夠優化對話、溝通和協作的工作區，這包括消除阻礙資訊交流的物理或心理障礙。共享的工作區可幫助團隊及其成員更快做出決定。儘管是非強制，但從團隊動力的角度來說，實質上能在同一處工作是最佳的。但就算不在同一地點工作，團隊也需要一個共享的工作區，例如透過現代通訊設施來克服實體的距離。

在這樣的專用的工作空間內，能夠提升產出有價值活動的專注力。所有管理、行政工作與外部會議都保持在最低限度，也包括資訊的儲存。團隊需要能快速取得所有相關資訊，以便創造、維護和共享該資訊，並加快根據這些資訊做出的決策，這就是為什麼團隊喜歡視覺化的管理技術。一個共享的工作空間應有許多資訊輻射站（information radiators）[Cockburn, 2002] 來降低團隊中資訊傳達的時間。

為了使這些資訊容易取得並可見，而將任務總覽、團隊定義、標準和協議、流程工作物件和進度趨勢展示在共享的工作空間的白板上、簡報架或任何其他方式（包含數位的形式）。這些資訊包含了所有團隊認為適合視覺化的資訊，例如設計和模型、影響分析、障礙、Definition of Done、開發標準等。

工作空間將資訊放送給感興趣的人，一但進入工作空間內，所有資訊都是隨手可得的。不需要透過進入電子系統、獲得授權、進行身份驗證、搜索、尋找最新版本，甚至到處詢問。團隊用視覺化的方式維護所有關鍵資訊，讓團隊成員內部和外部可共享這些資訊，並使用它們進行檢視和調適。

這些資訊不是固定不變的，它反映出當前的事件狀態，並且可以用當前的狀態來預測未來的情況。

用視覺化的共享工作空間來優化透明度，大幅度地減少了資訊交換的過程。共享的（視覺化）工作空間是自組織的重要推動力。

2.6.2　自組織

Scrum 因為三種同伴角色的日常協作而能夠順利發展。Scrum Team 是由具有自組織能力的人員組成。他們在沒有任何外部工作計畫或指示的情形下，基於（共同的）挑戰與問題，成為有組織的團隊。

自組織無關委派，自組織是自然發生的，不是透過上位階層的許可或授權。真正自組織的能力是能自主的將妨礙人們進行交流、互動以獲得見解和協作的現存障礙消除。外部權力最有效的介入就是去消除組織或程序上，造成自組織無法發生的障礙。

自組織不是無政府狀態或無限的自由。自組織是有邊界，而自組織在邊界內發生。Scrum 規則是構成團隊自組織的主要邊界之一。在最低限度上，Scrum Team 是自我管理的，他們自發的設計、計劃、執行和跟踪 Sprint 中的所有工作，無需外部力量干預：

- Product Owner 與用戶、利害關係人以及產品管理互動，找出最有價值的工作，並依靠團隊的跨職能開發技能和紀律來交付產品的 Increment。

- 團隊根據 Product Owner 的排序與說明來選擇 Sprint 工作，依據對 Sprint 的預測來建立並管理可執行的活動，並於每天進行重新規劃，以便在有限時的 Sprint 中，最佳化對 Sprint Goal 的產出結果。

- Scrum Master 在範圍、預算、交付或任務方面沒有直接的利害關係，但在整個生態系統中，需要透過 Scrum 教育與促進來管理這些因素。

當團隊人數約在 5 到 7 人時，會具有最高的凝聚力、最深的信任和最有效的互動連結。儘管 Scrum 預期團隊的規模應在 10 人以下，但是這並不是強制的。透過自組織能力，團隊將自動調整規模與人數直到達到最佳的狀態。團隊可以透過**自我設計**來展現自組織能力，因為沒有任何外部人員比實際從事這項工作的人更知道如何好好的組織工作。

Daniel Pink 在他《驅動力》[Pink, 2009] 一書中詳細闡述了能夠激勵人們的科學證據。在人類的動機模型中，第一層驅動為生存，第二層驅動是獎勵，例如工業化泰勒式的「胡蘿蔔與大棒」方法。第三層則是在認知、創造性工作中，「自我指導」（能夠指導自己的工作）成為三項關鍵動機因素之一，另外兩項分別是「精通」與「目的」。Scrum 的自組織能力被認為對於需要具有認知技能的創造性工作者的動機至關重要。這與新產品開發理論中其的重要性相吻合 [Takeuchi & Nonaka, 1986]。

但是，自主性和自組織並不能解決所有問題，有些問題超出了團隊的自組織能力所能處理的，Scrum 稱這些為「障礙」。

障礙的一般定義是「**阻礙、阻力、障礙物**」，Scrum 的障礙阻止團隊在 Sprint 中創建有價值的產品版本，或限制團隊達成實質上的進度。Scrum Master 的責任是確保消除障礙。

但是，Scrum 的「障礙」概念不是傳統層層上報程序的替代品。障礙之所以被認定為障礙，是因為它超出了團隊的自組織能力，並且無法在自組織生態系統中被解決。

讓我們以團隊衝突（團隊成員之間的衝突）為例進行說明。

團隊可能在解決團隊內部衝突時遇到問題，並將衝突稱為障礙，希望 Scrum Master 可以為他們「消除」障礙。換句話說，他們希望 Scrum Master 能夠解決衝突。

然而，在團隊合作中，我們不可避免地需要了解彼此的想法、找出一起建置產品版本的作法、探索不同的協作方式、在不同的想法中達成共識、脫離對個人英雄主義的依賴並超脫出個人的技能與專長。Lyssa Adkins 在她的書《Coaching Agile Teams》 [Adkins, 2010] 中闡述了「有建設性的意見分歧」是團隊的必要條件。這種最小程度的衝突是成功開發新產品的基礎。和竹內弘高和野中郁次郎所說的「內建不穩定性」也是一樣 [Takeuchi & Nonaka, 1986]。沒有團隊外部權力規範的情況下，讓一個群體共同找到最佳的方式前進，這是自然會發生的一部份。

進行團隊合作，衝突是自然的，這是自組織必然存在的一部份。如果團隊將內部衝突提出給 Scrum Master，Scrum Master 應該思考的真正問題是：Scrum Master 的角色應該解決衝突嗎？或是這是一種對自組織生態的不良干涉，將侵蝕誠實、學習與自我改善的基礎？ Scrum Master 如何才能夠促進自組織？還是提供團隊一個外部決定作為藉口來逃避嗎？

身為 Scrum 與自組織的推動者，Scrum Master 應思考如何幫助團隊自己解決問題，提供工具、培訓與經驗見解，讓團隊更好的達成自我成長。如果真的有需要，額外的、外部的協助也是可以介入的。

2.6.3　經驗流程控制

新產品開發本身就是一項複雜的活動，必須在複雜的情況下交付複雜的產品。

一種計算「複雜性」的方式是考量有多少參數、變數與事件會影響這個活動與過程，以及其中有哪些是已知的。產品開發中，一些常見的參數有使用者期望與需求、團隊成員的技能、可用性和經驗、技術、技術性整合度、時程、資金、市場條件、競爭、相關規定與相依性等。

然而，重要的不只有已知參數的數量，還有這些參數的可用訊息與必需訊息也一樣重要。怎麼樣的細節程度才足夠了解一個變數與這個變數的未來變化？即使參數已知，細節程度仍可能太多太深，以至於無法完全被掌控。再者，參數的變化也不一定可以被預測，已知變數可能呈現與預期完全不同的變化。

除了廣泛的環境與外部條件的影響，「複雜性」也與活動本身有關。在實際工作開始之前或是在開始時，都很難描述和預測產品開發的確切詳細結果，包含該要完成「什麼」工作、「如何」完成這些工作。實際需要的工作步驟、任務與活動等組合是無法被清楚的預測的，因為他們不是重覆發生的。每個非機械性或工業性的產品都是獨一無二的。通常還會涉及與技術合作，因為技術會不斷發展，而且受個別組織環境的特性影響。另外，別忘了還有組成團隊來工作的人。人的涉入與參與程度會受到許多情況影響，畢竟人不是機器或是資源。

會變化的問題或活動需要採用一個正確的程序，來對活動進行正確形式的控制：

- 在開放迴路系統中，每次都是執行　連串的步驟來取得預先設定、預測的結果。這需要預先取得所有的變數作為這個系統的輸入，並且不能在處理過程中發生變更。為了預測輸出結果與執行時間，這種流程控制假設影響過程的變數與流程本身是高度可預測的。

輸入 　系統 　輸出

圖 2.10　開放迴路系統

在開放迴路中為了對更大或更複雜的問題加強控制,通常會透過建立子系統。每個子系統都是一個單獨的開放迴路系統,每個子系統的輸入是前一個子系統的輸出。在變化頻繁的情況下,偏差與變異在整個子系統鏈中持續累積,將遠遠超過可接受的水平,卻在最後的子系統結束時才會被發現。

預測式計劃是工業典範的方法,也是開放迴路思維實現。預測式計劃只能用在變數與變數的預期變化都是已知的情形。預測式計劃創造了一種錯覺,認為已知變數的變化都已被精準了解,而且沒有其它變數存在。預測式計劃需要長期間預先考量所有計劃中的元素,並嘗試在複雜的情境中預測那些無法被預見的因素。為了控制無法預測的變數或非預期的變化,因此需要大量的程序來檢查、維護與更新預測式計劃。開放迴路思維和預測式管理只適用於靜態的問題。

- 在**封閉迴路系統**中,持續地比較實際的系統結果與期望結果,來消除和逐步減少非期望中的變異。預先不需要精準地了解所有變數與參數的細節,而是在流程中依新增或變更的參數來進行調整、自我校正。這種定期檢視的方法需要透明度,並同時也幫助透明度的發生。公開實際情況以供檢現並進行最合適的調適,來縮小實際結果與預期結果的差距。負責檢視的參與者,需要有清楚一致的標準來進行有效的檢視,也就是為什麼參與者需要流程和所有變數的透明度。

圖 2.11　封閉迴路系統

適應性問題與隨著處理過程變化的問題，須要封閉迴路系統與經驗式的管理。Scrum 以經驗主義的回饋式封閉迴路系統取代了傳統流程中的開放迴路系統。Scrum 實踐定期檢視與調適，參與者能夠由檢視中了解到新訊息，取得回饋，並進行調整與改善。Scrum 透過基於現實的控制來應對複雜的工作。

Scrum 的實作包含了兩個封閉的回饋週期。一個 Sprint 形成一個「檢視與調適」的週期，裡面又包含了每 24 小時一次的 Daily Scrum 的「檢視與調適」週期：

- 在 *Daily Scrum* 中，會檢視開發進度並計劃該 Sprint 中的接下來工作。依據 Sprint Backlog 中的 Sprint Goal 與剩餘工作進度**趨勢**來進行檢視與計劃。確保 Developers 不會與彼此或 Sprint Goal 脫節超過 24 小時。

- *Sprint* 是由對 Sprint 的計劃活動開始，並以 Sprint 的反省作為結束的週期。這個 Sprint **為什麼**進行，實際產出了**什麼**（產品 Increment），以及是**如何**完成的（流程、團隊互動與技術使用）。

Scrum Events 設定了檢視與調適的頻率，工作物件則包含了要檢視與調適的資訊：

活動	檢視	調適
Sprint Planning	• Product Backlog 　（過去表現） 　（可用時間） 　（Retrospective 承諾） 　（完成的定義）	• 預測 • Sprint Backlog • Sprint Goal
Daily Scrum	• Sprint 進度 　（以 Sprint Goal 來看）	• 當日計畫 • Sprint Backlog
Sprint Review	• 產品增量 • Product Backlog 　（與進度） • 市場與商業環境	• Product Backlog
Sprint Retrospective	• 團隊與協作 • 技術與開發 • 完成的定義	• 可執行的改善項目 　（下一個 Sprint）

圖 2.12　Scrum 中的經驗主義

Scrum 將這些正式活動視為檢視實際情況並進行調適的機會，因此經驗主義的藝術在這些活動的週期內展現。但這並不阻止參與者在任何有需要的時候進行檢查，並進行改善或取得進度。我們在高度動態的世界中，導入 Scrum 框架有其必要性，畢竟如果團隊不盡快的利用新資訊與理解來改善工作生活，不是一件很奇怪的事情嗎？

這些活動的目的都不是狀態報告，所有的 Scrum Event 都是設計來展望未來。調適能力能決定了我們所能達成敏捷的水準。

在 Scrum 中，缺乏調適的檢視是沒有意義的。所有的 Scrum Event 都應向前看，都是塑造未來的機會。

■2.7　Scrum 的價值觀

Scrum 被證明是可用來讓人員和組織發展適合他們的時間與情境的工作流程的一種框架。在 Scrum 的邊界中，人員組成群體共同面對的問題或挑戰，而不需要面對強加的外部工作計畫和指示。Scrum 的所有規則與原則都依循經驗主義，或稱為經驗流程控制，都是為了能在複雜環境中處理複雜挑戰。自組織與經驗主義組成了 Scrum 的 DNA。

但不僅是規則與原則，Scrum 的重點更多是在行為而不是流程。Scrum 框架基於五個核心價值 [Schwaber & Beedle, 2001]。儘管這些價值不是作為 Scrum 的一部份，也不專屬於 Scrum，但的確指引著 Scrum 中的工作、行為與行動。這些價值觀驅動行為。

> Scrum 是規則，原則和⋯價值觀的框架。

在 Scrum 的情境中，我們的決定、我們採取的步驟、我們參與的方式、我們使用的實務和我們採取的活動都幫助鞏固這些價值，而不是削減或削弱這些價值。

圖 2.13　Scrum 的價值觀

2.7.1 承諾

「承諾」一般的定義是「一種致力於目標或活動等的狀態或是特質」。舉例來說，團隊教練有時會說「我不能因為隊員的承諾指責他們」（雖然他們剛輸掉比賽）。

這正好描述了 Scrum 中承諾的意義。承諾的重點在於致力，承諾展現於行動與努力的強度。承諾的重點不在最終結果，畢竟在複雜環境下的複雜挑戰中，結果本身通常是不確定的且不可預期的。

然而，在 Scrum 情境中，卻廣泛的流傳著對承諾這個字的錯誤詮釋。這主要源自 Scrum 過去的描述：團隊要對 Sprint 許下「承諾」。從傳統工業典範的視角，這被錯誤解釋成在 Sprint Planning 選定的所有範圍，無論如何都應該在 Sprint 結束時完成。「承諾」被錯認成一個訂死的合約。

在複雜、需要創造力與高度不可預測的世界，不可能作出保證能在固定時間和預算中交付完全精確符合預先定義的產出與範疇。有太多可以影響工作的變數是未知的或是會以不可預測的方式發生。

為了更好地反映原始意義並更有效連結經驗主義，在過去描述中對 Sprint 範圍的「承諾」，改為用「預測」取代。

然而，承諾仍然是一種 Scrum 的核心價值：

參與者承諾致力於團隊與協作。承諾致力於品質。承諾學習。承諾每天在可持續的節奏下盡最大的努力。承諾致力於達成 Sprint Goal。他們承諾專業行為。承諾自組織。承諾追求卓越。承諾敏捷價值與原則。承諾做出符合 Definition of Done 的產品可用版本。承諾於 Scrum 框架。承諾於交付價值。承諾致力完成工作。承諾進行檢視與調適。承諾於透明度。承諾挑戰現狀。

2.7.2 專注

Scrum 平衡且清楚的責任區分使所有參與者可以專注於各自的專業、興趣及能力。專注在整體目標則使他們能夠整合、延伸及改善各自的專業、技能與才華。

Scrum 以限時鼓勵參與者專注在現在最重要的事，而不是去擔心在未來某個時間會變得重要的事。他們專注在已知的事上。「你不會需要的」 (YAGNI，You Ain't Gonna Need It) 的概念有助於保持專注。參與者專注在即將發生的事，畢竟未來充滿不確定性，他們應當從當下學習來增加未來的經驗。他們專注於完成一件事當下所需的工作。他們專注在可行的最簡單的事上。

Sprint Goal 專注在四週或更短的週期。在此期間，Daily Scrum 幫助大家共同專注於實現 Sprint Goal 的最佳進度所需的當日工作。Product Goals 幫助在多個 Sprint 中保持專注，尋找並保持方向。

2.7.3 開放

Scrum 中的經驗主義要求透明、開放與誠實。進行檢視的參與者需要看到真實的情況來進行合理的調適。參與者對工作、進度、經驗與問題保持開放。除此之外，他們也開放的看待工作中人員的關係與糾纏，承認人就是…人，不是「資源」、機器、齒輪或可替換的機械零件。

參與者對跨學科、技能、職能或職務協作保持開放。他們對利害關係人與更廣泛的環境協作保持開放，也對向彼此分享反饋與學習開放。

隨著工作所在的組織與世界在變化，他們持續、不預設立場、不預測結果地對改變保持開放的心態。

2.7.4 　尊重

尊重人、他們的經驗與個人背景，能讓更廣泛的 Scrum 生態系統興盛。他們尊重不同的意見，他們尊重彼此的技能、專業及見解。

參與者尊重所處的環境，不將自己視為孤立個體。他們尊重客戶會改變心意這個事實。他們尊重計畫的出資人，不建造或維護不會被使用且增加產品成本的功能。他們透過不浪費錢在沒價值、不被喜歡或可能永遠不會被實作或使用的東西上來顯示尊重。他們透過解決問題來顯示對使用者的尊重。

所有的參與者尊重 Scrum 框架及其中的各種責任。

2.7.5 　勇氣

參與者們有勇氣拒絕建造沒人想要東西。有勇氣承認需求不會是完美的，因為計畫無法捕捉到現實與複雜性。

他們顯示出將改變視為靈感與創新來源的勇氣。有勇氣不交付未完成版本。勇於分享可能對團隊與組織有幫助的所有資訊。勇於承認沒有完美的人。勇於改變方向。勇於分擔風險與利益。勇於脫離過往追求的虛幻的確定性。

參與者有倡導以 Scrum 與經驗主義來處理複雜性的勇氣。有做出決定、行動、推進進度的勇氣。甚至是改變決定的勇氣。

他們有勇氣支持與實踐 Scrum 的價值觀。

3 目的實現策略

Scrum Guide [Schwaber & Sutherland, 2020] 中透過小量的功能更新逐漸演變，但其原則、規則與其中的元素仍保持不變，只是強制的要求越來越…少。

相對於過去是指導「如何」應用規則，逐漸演進成說明如何理解這些規則的「原因」，及可以應用這些規則來得到「什麼」。

上一章中提到 Scrum 的規則，這些規則保留了依情境與環境條件不同，而採用不同**策略**的空間。就像任何比賽或運動一樣：大家都使用一樣的規則，但有些人會比其他人更成功。成功取決於許多因素，不是什麼都由參與者控制，但採用不同的策略會影響能不能走向成功。

我們要在一系列**好的**實務作法中進行選擇，透過在情境中應用調整來找到**最佳**實務。如果要被稱為「流程」，Scrum 是**服務式**的流程，而不是**命令式**的流程。Scrum 不會說應該要怎樣，或不應該用哪些方法。Scrum 只是幫助判斷這些實務是否有效，但交由參與者自行決定要繼續使用或是改變這些實務。

在 Scrum 中有許多可以採用的策略。好的策略能幫助達成 Scrum 的目的；好的策略可以增強各種 Scrum 價值，而非削減。任何策略只要應用得當，都可以成為 Scrum 系統的一部分。

讓我們來看看一些策略的應用範例。

■3.1 進度視覺化

Scrum 框架走向輕量的其中一個例子是不再強制要求使用燃盡圖（Burn-down Charts）。

依照 Scrum 的規則，以及經驗流程與自組織所需要的透明度，「為什麼」進度需要視覺化的重要性因此凸顯出來。缺少對進度的追蹤與視覺化將很難達成自我修正管理。

但是 Scrum 已經將過去使用燃盡圖的要求（「如何」視覺化）從定義中刪除，不再規定視覺化的形式或格式。取而代之的是單純、明確的期望：我們應對 Scrum 必要的工作物件，如 Product Backlog、Sprint Backlog（期待的是「什麼」）的進度進行視覺化。

在 2.5.3「追蹤進度」中有一個 Sprint 燃盡圖（圖 2.7）的例子。Sprint 燃盡圖是在 Sprint 中很好的自我管理工具。

以下是一個**釋出燃盡圖**的例子，這是另一種對 Product Backlog、部份 Product Backlog 或特定 Product Goal 視覺化追蹤進度的方式。視覺化可幫助 Product Owner 與利害關係人、使用者或產品的管理組織互動。釋出燃盡圖與視覺化預測，有助於透過實際交付成果，來建立平衡時間與重要性的對話。

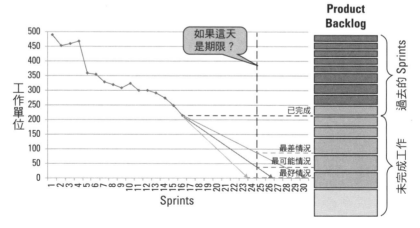

圖 3.1　釋出燃盡圖範例

燃盡圖是一種很好應用的策略，在許多情況下都適用。是很好的實務方法，然而這是非強制性的。

是的，在 Scrum 中我們有 Product Backlog 和 Sprint Backlog，而且他們都是讓進度可以被視覺化、可以被看到、清楚地顯示。但是還有其它進行視覺化的好方法，可能是累積流量圖，也可能就簡單地以 Scrum 板呈現。Product Backlog 的進度也可以用反向燃盡圖來表現，呈現出預期價值或是已實現價值的情況。

■3.2 Daily Scrum 的提問

在過去 Scrum 建議在 Daily Scrum 時，所有人必須要回答三個針對 Sprint Goal 進度的提問（*完成了什麼？計畫做什麼？有沒有障礙？*）。

但即使參與者都回答了這些提問，也可能只是進行了個人狀態的更新。如果他們沒有真正的在聆聽彼此對話，只是確保了三個問題都有被回答，有無依形式回答這三個問題將不會有什麼幫助。如果他們沒有為了想要達成 Sprint Goal，而揭露資訊來共同優化當日的工作，只是進行這個問答是沒有幫助的。

參與者可能還保留了工業典範的思維，認為這是一種官方義務。他們或許感受到壓力，覺得需要確保所有工作活動都被紀錄下來，以保護自己避免可能的指責。原因可能是我們仍無法超越 Scrum（過去的）建議，以及我們期待有一個可以被遵守的流程，在不理解「為什麼」的情況下去遵守一個我們以為的規則。但是，無論理由是什麼，他們都失去了流暢且迅速地從實際情況得到新知並進行檢視與調適的機會。

在一個複雜的變動環境中，不進行調適的檢視是沒有意義的。Daily Scrum 的目標是分享資訊以重新計畫合作的工作，以確保 Sprint Goal 能被更好地達成。團隊可以依據自己的情形來設計，讓這個活動能在 15 分鐘內達到效果。這是 Daily Scrum 立基的背景，無論這三個問題是否有被提起，我們都不應該只是盲目的認同這是「最佳實務」般，跑流程的過完這三個問題。

你知道 Daily Scrum 不一定要是每日站立會議嗎？

每日站立會議是極限編程 [Beck, 2000] 中的實務，與 Scrum 中的 Daily Scrum 有相同的目的。但極限編程中要求參與者應該站著進行。

對於必須保持 15 分鐘的限時來說，雖然 Scrum 並未要求站著進行 Daily Scrum，但這是一個不錯的策略。

■3.3 Product Backlog 的精煉

Product Backlog 精煉是一個在 Sprint 中持續進行的活動，通常發生於為了下一個 Sprint 而調整 Product Backlog 當前的順序時，因為愈是近期的項目，我們可以愈確定其將會被實作。

隨著項目接近開始，團隊將會希望揭露其相關的依賴性，來更好的理解該工作的期望結果，並共同決定如何開發，或是幫助 Product Owner 了解開發此功能或使用面上的影響。共同協作對 Product Backlog 進行精鍊，從對話中發現更多的知識，讓這個項目在 Sprint Planning 中，更容易被選入 Sprint。

Product Backlog 精鍊並不是一個正式被定義的活動。它沒有限時規定，也沒有規定什麼時候該進行。Scrum 的企圖是希望維持足夠但簡單的框架，Scrum 想做的是幫助人或團隊發現在他們所處的情境中，可能適合或不適合的特定實務與策略。許多團隊會用 Product Backlog 精鍊來讓他們的 Sprints 變得比較順暢，並減少 Sprint 剛開始時的手忙腳亂。一個典型的 Product Backlog 精鍊活動是用來設定或修改對工作量或成本的預估。但也有些團隊對於 Sprint Planning 時要求的精準度標準較低，或是在與 Product Owner 的關係中，對於精確性的要求較低。他們可能不會進行精鍊，或是以更輕量的方式進行，或是這項活動是在沒有被意識到的情況下進行。

Product Backlog 精鍊是 Sprint 中很好的活動，是一個很好的協作管理 Product Backlog 的策略。當然，也可以選擇不使用。

■3.4　使用者故事

在極限編程 [Beck, 2000] 中，需求是以「使用者故事」的形式記錄。使用者故事通常寫在索引卡上，並從使用者觀點描述了對功能的期望。為方便記憶以及檢查一個使用者故事是不是寫得好，極限編程的早期實踐者 Bill Wake 建議採用「INVEST」[5] 原則，即一個使用者故事應該獨立（Independent）、有協調空間（Negotiable）、有價值（Valuable）、可估算（Estimable）、大小適當（Sized appropriately）而且可測試（Testable）。

使用者故事將功能從「使用者」觀點描述成「故事」。從使用者觀點去描述一個系統或應用程式需求的好處是可以將焦點專注於為使用者帶來價值。

在計畫板或資訊輻射站上，索引卡可以很容易的被移動或移除。使用實體索引卡的另外一個好處是文字描述與細節的空間被限制了，用來確保這些故事從設計上有意的不夠完整，不完整性促使對話必須發生。卡片上可能會有更多資訊，有些可能是驗收條件，用來確認故事已被良好的實作，這些驗收條件通常會寫在卡片的背面。

Scrum 中的 Product Backlog 用來為所有工作提供透明度，並且不只包含功能性需求。雖然使用者故事格式也可能用在表達功能性需求以外的工作，但這種方式有點不太自然，它會有把重點放在語法而非要傳達的資訊上的情況。使用者故事甚至不需要用「身為一個（使用者），我想要（故事）」這種語法表示。

Scrum 中沒有強制規定要用使用者故事的形式來表示 Product Backlog 項目。採用使用者故事的形式，可能會導致忽略其它需要執行的重要工作的風險，或是使團隊花費時間精力糾結於使用「正確的」格式，反而造成浪費。但是，對 Product Backlog 中的功能性項目來說，使用者故事可以是一種好的策略。

5　了解更多細節請參考 *http://xp123.com/articles/invest-in-good-stories-and-smart-tasks/*

■3.5　Planning Poker

Planning Poker 是 James Grenning 在進行極限編程專案時，因為感到太多時間被花在追求估算的精確度上，所發明的一種估算技術。

在 Planning Poker 中，團隊針對一項需求進行討論，然後每位成員從自己的牌堆中選出一張卡片來表示他對這項需求的估算值。牌組通常會用指數型式，例如費氏數列（1, 2, 3, 5, 8, 13, 21, 34, 55）。每個成員都不公開自己的選擇，直到所有成員都選好。然後他們同時公開自己的估算值，並依據其中的差異進行討論。重覆這個循環直到達成共識，需求有共同的理解。估算值之間是相對的，並以抽象的形式表示，例如（故事）點數、T-Shirt 尺寸或是早期極限編程使用的軟糖熊。

要能與各種技能及專業的開發成員合作，來得到誠實且無偏見的估算，是透明與協作的一部份。雖然 Planning Poker 不是強制的，但仍是一種可以用來達到此原則的好策略。但別忘了，估算的最終目的是激發關於估算的誠實討論，讓我們更好地理解該項目需要的工作。

■3.6　Sprint 長度

Scrum 只有設定一個 Sprint 的最大長度不應超過四週。這個最大長度確保所有人在四週內一定有進行調適未來產品計劃的機會。此外，也確保團隊不會在一個封閉的環境中待得太久，以致於和變化中的世界脫節，進而產生風險。

Sprint 長度要在專注於產出重要的工作和利用機會之間進行調適平衡，同時也要考量如技術上的不確定性與學習機會等其它因素。

在像 Scrum 這樣的經驗流程中，我們以目的進行控制，並在封閉迴路系統之中，定期檢視結果是否符合目的來進行工作項目、任務與流程的調適。依 Scrum 中定義的責任，具有相關檢視技能的成員，將以適當的頻率進行檢視，讓團隊在有足夠的時間專注於創造價值的同時，也能平衡當忽視太多可能影響產出的變異時，所造成的風險。

除了透明度外，頻率也是經驗主義中的重要因素。在 Scrum 中活動決定了檢視與調適的頻率。Sprint 是一個活動，同時也是一個外層的回饋迴路，內裡包裝了 Sprint 內部的 Daily Scrum 回饋迴路與開發應用實務的回饋迴路。

近幾年來，可以明顯看到趨勢傾向於較短的 Sprint。雖然沒有硬性要求，但一般來說還是會保持最少一週的 Sprint 長度。

我們來假設一個團隊的 Sprints 長度為一天。

所有用來檢視與調適的 Scrum 活動都在一天內以極高的頻率發生。當實際去進行這些活動時，團隊花費高到不合理的時間來檢視與調適小的不行的工作。這樣的頻率阻礙了價值的產生。

但若團隊只專注於當日工作與進度將會帶來更高的危害。他們沒有時間去檢視與調適整體的進度，沒有時間探索改善品質或實現總體目標與目的的方法。每一天，他們只會盡量做出更多的產品。

Sprint 的長度也決定了從利害關係人那取得對產品 / 服務可用版本回饋的頻率，才能與 Product Owner 共享決定產品未來所需要的所有資訊。在一天的 Sprint 中，很難獲得利害關係人的積極參與，更不用說順應企業、市場和策略的變化，這將會造成無法看到大方向的危害。

Sprint 長度應該考量失去商業機會的風險。如果你的業務領域變化性很高，不能夠頻繁地釋出將造成機會喪失的風險，因此可以考慮在一個 Sprint 中有數次開發與釋出。Sprint Review 不應被當成是釋出的關卡。然而也要留意，如果因此而採用一天的 Sprint 則會因過高的頻率摧毀掉檢視機制。

要避免讓 Scrum 成為去人性化的舊把戲的一個新名字，我們要找到能持續的方法來組織工作。

將 Sprint 長度視作是進行 Scrum 的一種策略。看看實際運作的效果並調適成穩定、可持續的步調。如果你想要在 Sprint 結束前進行釋出，就去做吧！ Scrum 沒有不允許你這樣做，這與 Sprint 限時和 Sprint Review 活動的目的沒有衝突。

■3.7　Scrum 如何規模化

Scrum 的必要元素以及 Scrum 賽局的規則都已說明過，Scrum 的規則將這些元素緊密地聯繫在一起。這些規則具有一致性，能夠適用於各種規模的組織。

Scrum 提倡簡單性與清楚的責任和同伴協作，來應對不可預測性和找出複雜問題的答案。

許多企業在要擴大組織和工作的結構時，發現他們的核心是工業典範，而不是簡單、自下而上的角色責任和協作。大規模應用 Scrum 的主要挑戰不在於使 Scrum 適應現有結構，而是透過自下而上的理解、實施和發展 Scrum 來修改現有結構，同時尊重並維持賽局的基本規則的完整。要調適組織以進行 Scrum，而不是相反。

有一些策略，可以在特定情境下，擴大 Scrum 的使用規模。

3.7.1　單一的 Scrum Team

Scrum 管理產品或服務的最簡單形式是只有一個 Product Backlog，用來呈現產品的使用者需求（desirement），並由一個團隊在限時的 Sprint 中交付產品增量。

團隊擁有所有必須的技能，能夠將所有 Product Backlog 項目轉換為一個或多個符合 Definition of Done 且可釋出的產品 Increment。該團隊透過 Sprint Backlog 自我管理其工作，並透過 Daily Scrum 來確認方向正確並校正。Product Owner 提供適時的功能說明和業務說明。Scrum Master 指導、促進並服務團隊和組織。

這個單一團隊就是 Scrum Team，團隊必須是一般稱為「功能型團隊（feature team）」的團隊，有能力完成一個使用功能並提供使用者價值。

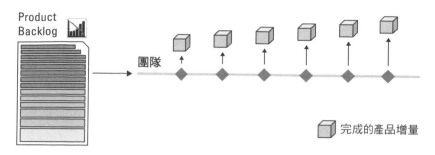

圖 3.2　單團隊 Scrum

最大的挑戰在於團隊要具有所有必須的開發能力，才能在 Sprint 中將
工作完全 Done。但如果能克服這個問題，Sprint Review 將能完全透
明，這是使 Scrum 的經驗方法起作用的重要前提。團隊會透過 Sprint
Retrospective 來自我改善。

3.7.2　多個 Scrum Team

對於較大的產品或期望能更快得到結果時，維護一個產品將需要更多
的人，而不是單純一個團隊就可以完成。在這種情況下，多個團隊的
需求就出現了。

當多個團隊同時要交付同一個產品時，他們會從同一個 Product
Backlog 中選取工作。這個集體系統會有一個 Product Owner，開發
則由多個團隊組成，並且由一個或多個 Scrum Master 支援。Sprint
Backlog 的數量會和團隊數量一樣多。每個團隊都透過 Daily Scrum
來進行自我管理。

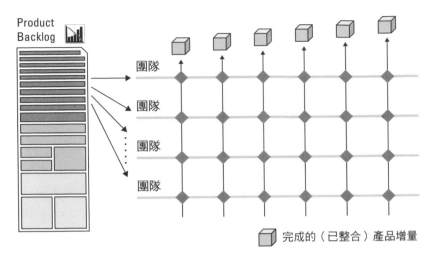

圖 3.3　多團隊 Scrum

在 Sprint Review 中，整個產品的可靠性和可用性仍然須要完全透明。Increment 不能有未完成或是隱藏的工作。當多個團隊共同開發同一產品時，能夠**完全**整合的 Increment 確保了有達成所需的透明度。

多個團隊在 Scrum 的邊界內進行自我組織管理。在構建多團隊 Scrum 時（即由多個團隊創建和維護相同的產品時），這些團隊仍然要進行最小的自我管理，可以自行決定誰在什麼時間做什麼工作，而不會受到外部干擾。為了在 Sprint 結束前達成創建整合完成的 Increment 的目標，他們可以進行自我設計、改變系統中的團隊組成來優化。

在整個 Sprint 中，團隊之間的定期溝通是必須的，以確保不同的工作計劃符合建立整合完成的 Increment 這個目標。這些團隊將 Daily Scrum 的原理和目的延伸到跨團隊的級別，組織 *Scrum-of-Scrums* 活動。

優先考量整體的優化，Scrum-of-Scrums 發生在個別的 Daily Scrums 之前。團隊中最合適的代表聚集在一起進行產品的整合狀態開發資訊的交流。隨後在這個多團隊生態系統中，每個團隊可以重新計劃和調整自己的 Sprint Backlog 項目。由此，多個團隊在保持整體整合的同時，優化了他們的共同進度。只要 Increment 符合被定義成 Done 的條

件，則不受未完成、未知的開發工作的阻礙，在技術面上即可視為可釋出。

如 Definition of Done 中所述，多個團隊也根據相同的產品品質標準進行工作。多個團隊可能會發現使用相同的 Sprint 長度進行工作比較容易，能夠降低計劃、整合、釋出和審查工作的複雜度。其餘的工作能在他們個別的 Sprint Backlog 中被預見，確保工作有被整合與工作的健康狀態。

要在不同的 Sprint 長度上進行工作，明確的協議和政策對於確保所有的工作能持續整合至關重要。**綠樹政策**（*green tree policy*）永遠是優先的。如果有任何事情破壞了整體性，則需要優先解決該問題。這讓每個別團隊或團隊組合都可以（盡可能獨立地）從共享程式碼庫中取得可釋出的 Increment。對基礎設施和體系結構的影響和後果不會被低估。**為了能夠保留功能和策略上的一致性，應當共同進行** *Sprint Review*。

提供從頭至尾的用戶價值的產品 Increments 的整個過程都是一個「功能系統」。無論各個團隊（功能團隊或其他團隊）的組成如何，它們都應在 Sprint 結束之前集體交付整合的產品 Increments。這滿足了 Scrum 定義的所有責任，整個系統仍然是…Scrum。

3.7.3　多產品的 Scrum

根據多個產品的功能或技術上是否有相互依賴的關係，我們需要對不同產品進行調準與同步。

每個產品都有一個 Product Owner。對於每個產品，都有一個或多個團隊來建立、交付和維護它的 Product Backlog。每個產品站（Product Hub）都是「單一 Scrum Team」或「多個 Scrum Team」。

從 Scrum 中的責任可以明顯看出，校準和同步主要發生在各自 Product Owner 的 Product Backlog。多產品的 Scrum 的 Product Backlog 排序需額外考量如何優化各個產品系列（Product Line）、產品套組（Suite）、產品方案（Program）或產品方案組合（Portfolio）。

Product Owner 根據共享的計劃和進度訊息逐步管理其 Product Backlog。

技術和開發依賴關係，在 Sprint 中以網狀方式跨產品站處理，而不是以階層式方法處理。

隨著各產品站逐步演進，組織將發生轉變。產品站可以啟動、擴大、縮減或消失。這使整個組織變得具有適應性。

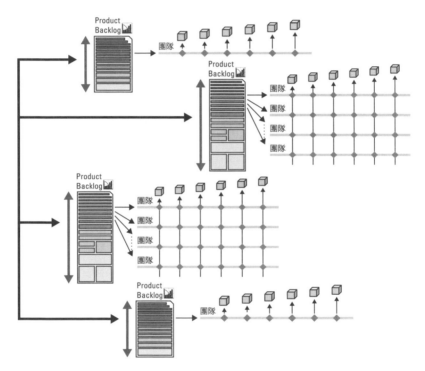

圖 3.4　多產品 Scrum

規模化中存在許多問題，因此有各種情境設想，但並沒有唯一的銀彈解決方案。Scrum 透過自上而下的支持來促成自下而上的思考能力，來發現並發掘最適合你、你的組織和情境的方法。

4 Scrum 的未來

Scrum 起源於 1990 年代，主要是來自於 Ken Schwaber 和 Jeff Sutherland 自己的工作和發現。他們批判性地分析並反思了當時被認為在軟體開發中常見的做法、他們自己的專業經驗、成功的產品開發策略和流程控制理論。他們的經驗與發現的總和最後成為 Scrum [Schwaber, 1995]，並於 1995 年正式向對外公開 [Sutherland, 1995]。自 2001 年《敏捷軟體開發宣言》[Beck, et.al., 2001] 發佈以來，Scrum 成為全世界最廣泛應用的敏捷框架。2010 年第一版的 Scrum Guide 發佈。

Scrum 採用輕量並簡單的方法來應對複雜的組織工作和挑戰。明確的定義和低規範指示這樣的特別組合，是 Scrum 能在現在與可見的未來獲得成功的重要關鍵。Scrum 作為一個組織性框架，可以包含各種實務做法，或使現存實務顯得多餘，也能揭露出需要新的實務的需求。這些實務做法包括開發、產品管理、品質、人員和組織的實務。只要應用得當，他們不會去改變 Scrum。

對於全球許多人而言，Scrum 框架已經是一種被證明有效的解決方案。儘管取得了不錯的成績，例如用敏捷典範代替了工業典範以及 Scrum 的大猩猩地位，Scrum 仍然有改進的空間，有進一步發展的必要。

挑戰工業典範的現狀已激發了許多進步，並幫助許多組織從預測管理轉變為經驗管理。在許多組織中，人們已經重新了解到很多時候是

需要由人 —— 而非機器人 —— 去執行富有創造性和複雜性的工作。現在，許多組織開始專注於產品和服務多於短期的專案開發。

但是，焦點仍被放在「如何」執行工作和績效。現在是時候詳細說明已取得的成果並開始將 Scrum 落實。

有各種參與 Scrum 的策略和可能方法，同時也有大量的實務做法可以在 Scrum 中使用。透過 Scrum 管理的工作結果和產出受許多因素影響：是否在共同空間工作會造成影響；參與者的投入、活力、專注和快樂會造成影響；自組織的程度會造成影響；人員是否必須同時執行多個任務會造成影響；工具、平台和系統的可用性會造成影響；人們是否願意將團隊的跨職能組成視為互相受益和獲得新技能的機會，也會造成影響。

儘管有仔細研究每一個因素的必要，但其中最為關鍵的還是跨職能的思考，要能超越既有開發部門限制之外的行動。採用 Scrum 是為了善加利用能影響並讓企業獲益的商業機會。

從為了「如何」工作實施 Scrum，改為將注意力更多地轉移到「什麼」是需要完成的事上，比僅僅只是作為優化產品的開發方式更為有用。*如果朝錯誤的方向前進，績效與生產的增加可能並不是消費者真正需要或欣賞的，那麼提高表現和生產更多產品的目的又是什麼呢？著手於發現可能的產品功能，而不受預先規劃的產品限制。記住，「產品」屬於你的 Scrum 的範圍，「產品」可以是有形或無形的產品、服務或服務組合。有關「產品可能性的力量」的更多資訊，請參見第 4.1 節。*

如上所述，有許多戰略可以運用於 Scrum，在執行 Scrum 的同時也可以包涵許多的技術和實務做法。從舊的工業典範過渡到新敏捷典範的不僅僅是流程和技術，採用敏捷典範是整個組織性的提升。僅僅只有團隊透過採用 Scrum 而產生熱情，不足以支撐系統需要的改變以及組織結構的升級。為了產生持久的效果，需要重新思考結構和領導力的組成，並能從上游導入以取得更多支援和促成。*有關「Scrum 的上游參與」的更多信息，請參見第 4.2 節。*

■4.1　產品可能性的力量

如果我們更認真地看待正在做「什麼」（期望中的需求、特色、解決方案和功能）而不只是該「如何」完成工作，那麼產品帶來的價值將大大增加，因為價值與數量是完全不同的驅動力。

在動盪的企業、業務和市場環境中，具有可預測性、確定性和穩定性的業務需求和功能期望很少。在不斷優化價值的過程中，也不能忘記去優化業務負責人和產品經理之間的互動與協作，這些人的積極參與，能彌合功能和需求之間難免會發生歧異的情形。產品人員比以往任何時候都更需要 Scrum 提供的靈活性，以善用難以預測的機會，並在適當的時間提供最佳產品，畢竟今天被喜歡的，可能不是人們明天想要的。

透過 Scrum，組織終於可以停止試圖預測不可預測的事情，轉而將注意力放在發展中並已被使用的產品出現的答案、解決方案和點子。是否需要預先思考這個議題在 Scrum 面前變得無關緊要，不再期望要有完整、定案、詳盡的需求作為輸入後，才能產出產品交付的這種生態系統。Scrum 幫助我們接受只有在建立產品的同時才能得到最終協議，知道產品是「什麼」。價值的優化是透過頻繁的比對驗證內部決策與市場實際使用情況來達成。Scrum 為頻繁的功能釋出打開了大門，確保有規律的進步和學習，停止像一連串開放迴路系統那樣，不停的積累假設。當與市場的聯繫緊密時，使用者的真實回饋將成為 Product Backlog 持續活躍的動力來源。

在 Scrum 中，由 Product Owner 負責決定（接下來）要做什麼。Product Owner 設想下一個產品目標（Product Goal）或產品下一個進入市場的釋出或版本。Product Owner 的任務職責會影響組織使用 Scrum 能實現的敏捷程度。除了職責外，Product Owner 還需要與所有相關的產品管理領域緊密聯繫：行銷、溝通、銷售、法律、研究、財務、支援等，這對跨組織機構的多職務協作相當重要。這些產品管理技能有助於利用 Scrum 來提高企業敏捷性。在內部和外部的不可預測性不斷增長的全球化世界中，採用經驗主義和調適性思維方式對整個組織是更有益的。

使用 Scrum 並不只是重新命名或微調基於工業典範的那些舊方法。Product Backlog 不是傳統需求列表或預測計劃的新名稱。Product Owner 並不是收集需求並扔給工程師開發的需求分析人員的新稱呼。沒有授權、沒有利害關係人的支持、沒有預算責任和沒有真正的代表使用者時，Product Owner 是不足以成為代理人的。

Scrum 所設想的 Product Owner 的角色在工業典範中並不存在。Product Owner 是跨職能思維活生生的例子，Product Owner 的專業生活圍繞著產品展開而不是特定部門或職務，Product Owner 的終極版本是成為產品站的產品執行長（Product-CEO），並由 Scrum Master 從旁指導和協助。管理層和執行代表的行為，就像是擁有邊界控制權的投資者和贊助人，透過參加 Sprint Review 展現。Scrum 成為組織敏捷性的心臟，它可以產生規律的進步、學習和獲取各種資訊來源，幫助優化價值，包含對利害關係人的價值、對產品和服務的使用者和消費者的價值、對創造和維護它們的人們的價值。

最終，企業、產品站的網絡和市場成為一個自我平衡的漸變體，參與者跨越障礙、領域、技能和職能做出貢獻。透過 Scrum，組織可以以最快的方式從端到端的角度進行發現、實驗並創造機會。

■4.2　Scrum 的上游參與

當採用 Scrum 時，組織會受到廣泛的影響。

為了得到採用 Scrum 的好處，Scrum Team 能力所及之外的問題，也需要解決。透過使用 Scrum 來發現組織機會和改進空間，來為 Scrum Team 提供更便利的環境，進而改善產品交付的完整環境。

期望透過使用 Scrum 在敏捷過程中達到有效進展的組織應該意識到，只為了實施 Scrum 而實施並不會實現這個效果。Scrum 本身不能是 Scrum 的目的。Scrum 具有在組織或企業級別提高敏捷的潛力，但 Scrum 不僅僅是新的 IT 流程，還能是規則、原則和價值觀的框架，讓整個組織能夠善用未知的優勢。Scrum 讓組織可以快速適應市場，並（再次）提供競爭優勢。

不幸的是，絕大多數組織的行為彷彿仍生活在**中生代**。Nassim Nicholas Taleb 在他的《黑天鵝》[Taleb, 2007] 一書中描述的該種社會的「狀態」特徵是：花費在不可擴展的重複性工作的時間或精力與成功直接相關。塔勒布描述了中生代如何成為過時的幻想，並被**極端主義**（*Extremistan*）所取代，後者的成功取決於「發展」思想和處理未知的獨特性的能力。Scrum 採取了各種措施，將中生代的居民牽引到極端主義的時代，讓他們至少能夠成為極端主義的「一名」參與者，甚至成為領導者，成為時代的巨人。Scrum 是適應速度極快的引擎，勝負取決於你的競爭對手如何應對你所造成的變化。領先於賽局，就能成為遙遙領先於領域中的其他人，成為巨人。

但這始於接受或者說是擁抱我們是在一個極端的市場狀態下運作的觀念。首先要接受（或誘導）我們的組織做出改變，以避免被淘汰。大多數工業化的基礎概念已不再有效，「**我們的冰山正在融化**」是 Holger Rathgeber 和變革專家 John P. Kotter [Kotter & Rathgeber, 2006] 故事中的隱喻。忽略或輕視這個關於複雜性的巨大轉變是 Scrum 缺乏上游參與的一個重要原因。它嚴重限制了透過採用 Scrum 所能實現的利益，同時破壞了未來的領導能力，甚至存活能力。

在較大的組織中，Scrum Team 和 Scrum Master 對與產品交付和釋出的控制，相當程度受限於官僚義務，他們甚至沒有控制權。通常來說，團隊的行為必需符合規範的期望，以及被視為行業典範的規範。以當今世界來說，在實際經驗中，這些規則的堅持與其帶來的好處，是相當不平衡的，也無助於建置成功的產品。在許多情況下，這些程序以及它們的組織已經與當今市場、外部環境和內部組織快速演變的步調脫節。

儘管如此，在絕大多數組織中的 Scrum 經驗仍然是好的，符合常識中的效益。Scrum 通常會將「常見的」恢復成「有效的」。Scrum 之家的成員非常喜歡 Scrum，並因為它的蓬勃發展產生了極大的熱情。毫不意外這正是為什麼下游採用量通常很大。

我們會預期經過驗證的結果、改進的數字和增加的價值交付將帶來更多的上游利益，從而得到上游參與與支持，但實際經驗卻與預期相反。

你的組織理應得到上游積極和明確地對 Scrum 推廣與支持。例如 IT 運營管理、銷售單位、交付經理、產品管理部門和 CxO 管理階層。

我們需要一種急迫感，並意識到這個急迫感是極其必要的。首先要接受一個煩人的事實：舒適感、確定性和可控制性並非來自傳統的預測和計劃。舒適感來自現實、經過驗證的經驗、可觀察的工作結果和經驗數據，而不是靜態的報告。工業典範的傳統形式主義並沒有改善執行力和增加價值。複雜的問題是動態的，而不是靜態的，像是需求變化、出現意外需求、優先級轉移等，這些複雜的問題會在解決的過程中發生狀態變化。

上游的參與是「管理」問題。持續的 Scrum 轉型目標是透過結構化的、漸進增量的方法來使管理人員參與到賽局中，以達成所需的組織升級。管理者的目標是重塑自我、角色和工作。這種方法在急須改進的時候很興盛，同時也因為下游採用 Scrum 的熱情而得到支持。量產或瀑布式無法實現這種升級。典型的瀑布式轉型過渡通常以採用 Scrum 和解決跨職能團隊的「問題」開始，這通常會揭露工程技術基礎和支援不足的問題，這就成為接下來要解決的領域。在解決了工

程領域的問題之後，企業可能希望增加業務等領域的參與。根據企業的規模，每個領域採用很可能就需要花費一到三年的時間才能完成。最後，它成為一連串序列的開放迴路系統，僅是產生了一種敏捷的幻覺，而沒有辦法真正在高度複雜的情況下提高成功的機會，直到幾年後，組織才意識到其敏捷性並未得到實質性提高。這樣的現實導致消極的經驗，因為現實而造成的消極。

基於 Scrum，組織性的轉型將應從企業內各領域著手，同時產出改變的 Increment。轉型是改變組織的工作方式，而不是在現在的方式上增加新的工作。採用 Scrum 進行敏捷轉型簡化了完成工作的方式，最大化未完成的工作，並促進人員參與。轉型沒有方向性；它同時是下至上、上至下、左至右、右至左、內至外與外至內。經由敏捷轉型進行組織性的升級的前提假設是人的天生就是敏捷的，天生具有調適能力。從這個角度來說，Scrum 的流程遵循人的天性，建立在他們天生的調適能力上。最終，結構應該遵循流程（而不是相反過來），而流程遵循人。*讓組織依 Scrum 進行調適，而不是相反過來。*

跨職能改變並行，用小步驟的方式在各領域的實施，同時量測各改變所造成的整體效果。定期檢視企業或產品層級的測量值，可以得到在各個領域中做出下個行動或實務作法的明智決策的基礎。這些測量應反映組織創造價值的能力。沒有調適的檢視是沒有意義的，必須將開放迴路改為封閉的回饋迴路。這些測量不是目標，而是一個指引，指向可改進領域：重新人性化、教育、投入的團隊、共享的（視覺化的）工作區、工具、標準。

不再維持垂直的穀倉式結構、障礙物被清除、社群連結逐漸顯現、決策權下放、角色責任被增強、新的組織結構和流程重新顯現，產品站應運而生，領導才能成為一種普遍的素質，敏捷發生並成為組織的固有素質。

記住，敏捷性無法被計劃、要求或複製而來，因為敏捷性是專屬於組織的並且沒有最終狀態。

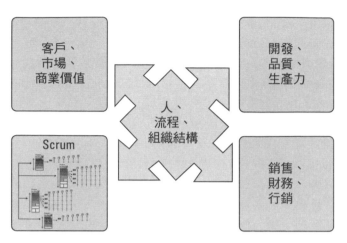

圖 4.1　企業 Scrum 轉型

Scrum 未來的將不再被叫作「Scrum」。我們現在稱為的 Scrum 將變成
基準，組織依此基準重新被建立。

附錄一：Scrum 詞彙表

Burn-down Chart / 燃盡圖：一張顯示剩餘工作隨時間遞減的圖表。

Burn-up Chart / 反向燃盡圖：一張顯示隨時間而遞增的參數（例如：價值）圖表。

Daily Scrum：是一個每日舉行的活動，時間不超過 15 分鐘，用來在 Sprint 期間重新規劃開發工作。這個活動用來分享每日的工作進展，並規劃接下來 24 小時的工作，以及相應地更新 Sprint Backlog。

Definition of Done：產品 Increment 達到可釋出狀態所必須滿足的一系列對品質的期望（例如：符合可釋出給產品的使用者的標準）。

Development standards / 開發標準：確保在 Sprint 結束以前創造出產品的可釋出 Increments 所必須遵循的一套標準和實務作法。

Developers：在 Sprint 結束之前負責創造所有漸進式開發工作並產出可釋出 Increment 的一群人，在之前的版本被稱為 Development Team。

Emergence / 逐步顯現：未預見的事實或事實的知識、之前未知的事實或事實的知識，變得存在或顯著的過程。

Empiricism / 經驗主義：決策是基於觀察結果、經驗和實驗的過程管制類型。經驗主義落實了定期檢視和調適，經驗主要需要並創造透明度。也可稱之為「經驗流程控制」。

Forecast / 預測：根據過去的觀察結果對未來趨勢所做出的預測。例如將挑選出的 Product Backlog 在當下的 Sprint 中視為可交付的產品，或是成為在將來的 Sprints 中的 Product Backlog。

Impediment / 障礙：任何阻礙或拖慢開發團隊的障礙物或絆腳石，並且無法透過開發團隊的自組織能力來解決。必須於 Daily Scrum 結束前提出，障礙是否被排除是 Scrum Master 的責任。

Increment / 增量：一個針對之前產出的 Increment 加以增加或修改的可發佈工作，而最終為一個產品的形式。

Product / 產品（名詞）：（1）任何有形或無形的商品或服務，對特定的消費者可以提供立即的價值。（2）特定行為或定義的流程所產出的結果。此定義適用於以下範圍：Product Owner、Product Backlog 和 Increment。

Product Backlog：一個排序過並持續演進的工作清單，包含所有能夠創造、交付、維護和支援一個產品等對 Product Owner 來說的必要工作。

Product Backlog refinement / Product Backlog 精煉：一個在 Sprint 中重複發生的活動，為接下來的 Product Backlog 的內容添加更細緻的說明。

Product Owner：一位主要透過管理及表達所有 Product Backlog 中產品期望和想法，負責最大化產品交付價值的人。

Scrum （名詞）：（1）一個適用於交付複雜產品的簡單框架。（2）一個適用於解決複雜問題的簡單框架。（3）一個讓人們從複雜的問題中獲得價值的簡單框架。

Scrum Master：一個透過指導、教練、教導和引導一個或多個 Scrum Team 以及讓團隊擁有了解和應用 Scrum 的環境，負責培育 Scrum 工作環境的人。

Scrum Team：Product Owner，Developers 和 Scrum Master 的角色責任組合。

Scrum Values / Scrum 價值觀：一套支撐 Scrum 框架的 5 個基本價值觀及特質：承諾、專注、開放、尊重和勇氣。

Self-design / 自設計：一種自組織能力的表現方式，只有 Scrum Team 才能決定團隊中需要或不需要哪些技能。

Self-management / 自主管理：Scrum 中自組織能力的最低限度展現方式，由 Scrum Team 決定如何在 Sprint 中執行工作。

Self-organization / 自組織：在沒有外部工作計劃或指示的情形下，人們因為問題或挑戰而形成有組織團隊的過程。

Sprint：本身是一個活動並作為其他 Scrum 活動的容器，時間限制最多為 4 週或更短。該活動需在完成足夠的事項的同時，確保在產品和計劃層面上適時的檢視、反省和調適。*其他 Scrum 活動包含 Sprint Planning、Daily Scrum、Sprint Review 和 Sprint Retrospective。*

Sprint Backlog：為了達成 Sprint Goal，而不斷演變的所有工作清單。

Sprint Goal：一個用於陳述 Sprint 總體目標的簡潔說明。

Sprint length：是指一個 Sprint 的限時，為 4 週或更短的時間。

Sprint Planning：一個代表 Sprint 開始的活動，時間限制為 8 小時以內。這個活動讓 Scrum Team 檢視當下被認定為最有價值的 Product Backlog 項目以決定該 Sprint 的預期達成任務，並且依據 Sprint Goal 來設計出一個起始的 Sprint Backlog。

Sprint Retrospective：一個代表 Sprint 截止的活動，時間限制 3 小時以內。這個活動讓 Scrum Team 檢視即將結束的 Sprint，並且建立了下一個 Sprint 的工作模式。

Sprint Review：一個代表該 Sprint 的開發已結束的活動，時間限制為 4 小時以內。該活動可讓 Scrum Team 及利害關係人去檢視 Increment、整體進度以及進行策略變更，以便 Product Owner 去更新 Product Backlog。

Stakeholder / 利害關係人：一個在 Scrum Team 之外的人，具有對該產品有特定的利益關係，或具有產品進一步發展所需的知識。

Time-box / 限時：一個象徵時間最大長度範圍的容器，很可能是一個固定的時間長度。在 Scrum 中，除了 Sprint 本身有一個時間固定的長度外，其他所有活動都只有最長時間限制。

Velocity：一個常用的指標，用於衡量一個特定的 Scrum Team 於一個 Sprint 期間內將多少個 Product Backlog 變成可發布產品的 Increment 的平均量。

附錄二：Scrum 參考卡

Scrum 僅設置了最小限度的邊界，以利自組織能力的提升，並經常提醒所有玩家：依據檢視（到的現實）來進行調適。框架的所有規則、原則和價值觀都是為了達到這個目的。

限時為事件中為檢視和調適的過程設置了最小需要的頻率。Scrum 所保證經驗主義的藝術是要等到事件發生之時才進行。

Scrum 工件包含要檢視和調適的資訊。

下面的參考卡根據每個事件的限時和目的，列出了主要輸入（檢視）和預期結果（調適），以及所有最低限度該參加該事件的人員，以確保所有的見解都有被表現出來：

活動	檢視	調適	參與者	限時
Sprint Planning	• Product Backlog（過去表現）（可用時間）（Retrospective 承諾）（完成的定義）	• 預測 • Sprint Backlog • Sprint Goal	• Scrum Team	• 最多 8 小時
Daily Scrum	• Sprint 進度（以 Sprint Goal 來看）	• 當日計畫 • Sprint Backlog	• Developers（團隊）	• 最多 15 分鐘
Sprint Review	• 產品增量 • Product Backlog（與進度） • 市場與商業環境	• Product Backlog	• Scrum Team • 利害關係人（使用者）	• 最多 4 小時
Sprint Retrospective	• 團隊與協作 • 技術與開發 • Definition of Done	• 可執行的改善項目（下一個 Sprint）	• Scrum Team	• 最多 3 小時
Sprint				• 不可長於 4 週

附錄三：參考資料

Adkins, L. (2010). *Coaching Agile Teams, A Companion for ScrumMasters, Agile Coaches, and Project Managers in Transition.* Addison-Wesley.

Beck, K. (2000). *Extreme Programming Explained – Embrace Change.* Addison-Wesley.

Beck, K., Beedle, M., v. Bennekum, A., Cockburn, A., Cunningham, W., Fowler, M., Grenning, J., Highsmith, J., Hunt, A., Jeffries, R., Kern, J., Marick, B., Martin, R. C., Mellor, S., Schwaber, K., Sutherland, J., Thomas, D. (February 2001). *Manifesto for Agile Software Development.* http://agilemanifesto.org/

Benefield, G. (2008). *Rolling Out Agile at a Large Enterprise.* HICSS'41 (Hawaii International Conference on Software Systems).

Cockburn, A. (2002). *Agile Software Development.* Addison-Wesley.

Giudice, D. L. (November 2011). *Global Agile Software Application Development Online Survey.* Forrester Research.

Hammond, J., West, D. (October 2009). *Agile Application Lifecycle Management.* Forrester Research.

Kotter, J., Rathgeber, H. (2006). *Our Iceberg Is Melting, Changing and Succeeding Under Any Conditions.* MacMillan.

Larman, C. (2004). *Agile & Iterative Development, A Manager's Guide.* Addison-Wesley.

Larman, C., Vodde, B. (2009). *Lean Primer.* http://www.leanprimer.com

Moore, G. (1999). *Crossing the Chasm, Marketing and Selling Technology Products to Mainstream Customers (second edition).* Wiley.

Pink, D. (2009). *Drive: The Surprising Truth About What Motivates Us.* Riverhead books.

Schwaber, K. (October 1995). *SCRUM Software Development Process.*

Schwaber, K., Beedle, M. (2001). *Agile Software Development with Scrum.* Prentice Hall.

Schwaber, K., Sutherland, J. (November 2020). *The Scrum Guide.*

http://www.scrumguides.org.

Standish Group (2002). Keynote on Feature Usage in a Typical System at XP2002 Congress by Jim Johnson, Chairman of the Standish Group. Results from a study of 2000 projects at 1000 companies.

Standish Group (2011). *Chaos Manifesto (The Laws of Chaos and the Chaos 100 Best PM Practices).* The Standish Group International.

Standish Group (2013). *Chaos Manifesto 2013: Think big, act small.* Standish Group.

Sutherland, J. (-) OOPSLA '95 - Business Object Design and Implementation Workshop. http://www.jeffsutherland.org/oopsla/schwaber.html

Sutherland, J. (October 2011). *Takeuchi and Nonaka: The Roots of Scrum.* http://scrum.jeffsutherland.com/2011/10/takeuchi-and-nonaka-roots-of-scrum.html

Taleb, N. N. (2007). *The Black Swan - The Impact of the Highly Improbable.* Random House.

Takeuchi, H., Nonaka, I. (January-February 1986). *The New New Product Development Game.* Harvard Business Review.

Verheyen, G. (December 2011). *The Blending Philosophies of Lean and Agile.* Scrum.org (https://www.scrum.org/resources/blending-philosophies-lean-and-agile).

Verheyen, G., Arooni, A. (December 2012). *ING, Capturing Agility via Scrum at a large Dutch bank.* Scrum.org (https://www.scrum.org/resources/ing-capturing-agility-scrum-large-dutch-bank).

VersionOne (2011). *State of Agile Survey. 6th Annual.* VersionOne Inc.

VersionOne (2013). *7th Annual State of Agile Development Survey.* VersionOne Inc.

Wiefels, P. (2002). *The Chasm Companion. A Fieldbook to Crossing the Chasm and Inside the Tornado.* Wiley.

關於作者

Gunther Verheyen 稱自己為獨立的 Scrum 照顧者，在使用 Scrum 來使工作更符合人性的過程中，他常思考、反省、保持好奇、漫遊在其中。他教授、協助、服務、提供意見與建議。他與團隊、個人、管理階層一起合作。他促成學習新知和捨棄不適用的知識。他從 2003 開始採用 Scrum，出版過 2 本 Scrum 的暢銷書，並且在過往與 Scrum 的共同創始人 Ken Schwaber 合作。

Gunther 在 1992 年畢業後即以電子工程師的身份投入 IT 和軟體開發。他在 2003 年以極限編程和 Scrum 開始他的敏捷冒險。7 年的完全投入，他在各種不同的環境與不同的團隊一起使用 Scrum。在 2010 年，Gunther 成為一些大型企業轉型的推動力量。在 2011 年，他成為 Scrum.org 的專業 Scrum 培訓師（Professional Scrum Trainer, PST）。

2013 年 Gunther 離開顧問業並成立了 Ullizee-Inc，獨家與 Scrum 的共同創始人 Ken Schwaber 合作。他在歐洲代表 Ken 和 Scrum.org，管理著「專業 Scrum（Professional Scrum）」系列，並帶領 Scrum.org 全球的專業 Scrum 培訓師網路。Gunther 也共同參與建立 Agility Path、EBM（Evidence-Based Management）和 Nexus 框架來應用在大規模專業 Scrum（Scaled Professional Scrum）。

2016 年 Gunther 持續將工作人性化的旅程並成為獨立的 Scrum 照顧者，串連人、教導者、寫作者、演講者。Gunther 希望幫助組織重新構想他們如何以 Scrum 建立符合人性而更有生產力的環境。

2013 年 Gunther 出版了廣受讚譽的《Scrum 精華指南》，該書被 Ken Schwaber 評價為「你能找到對於 Scrum 的最佳描述」。在 2019 年精華指南的第二版出版。2020 年，Gunther 出版了《Scrum 實踐者應該知道的 97 件事｜來自專家的集體智慧》，集結了世界各地領域專家的論述。

在沒有到處旅行去以 Scrum 進行工作人性化的時候，Gunther 在比利時的安特衛普工作與生活。

更多有關訊息，請參見 https://guntherverheyen.com/about/。

「Scrum 是誰都可以取用的。Scrum 框架是不可改變的。雖然只實施部分的 Scrum 可能是可行的，但這樣的結果就不是 Scrum 了。Scrum 僅能以完整的形式存在並作為其他技術、方法論和實務的容器。」

（Ken Schwaber, Jeff Sutherland, The Scrum Guide）

Scrum 精華指南第三版

作　　者：Gunther Verheyen
譯　　者：鄭偉鵬 / 高中薇
企劃編輯：蔡彤孟
文字編輯：王雅雯
設計裝幀：張寶莉
發 行 人：廖文良

發 行 所：碁峰資訊股份有限公司
地　　址：台北市南港區三重路 66 號 7 樓之 6
電　　話：(02)2788-2408
傳　　真：(02)8192-4433
網　　站：www.gotop.com.tw
書　　號：ACL062500
版　　次：2021 年 08 月初版
建議售價：NT$300

國家圖書館出版品預行編目資料

Scrum 精華指南 / Gunther Verheyen 原著；鄭偉鵬，高
　　中薇譯. -- 初版. -- 臺北市：碁峰資訊, 2021.08
　　　面； 公分
　　譯自：Scrum-A Pocket Guide, 3rd edition
　　ISBN 978-986-502-865-7(平裝)
　　1.專案管理　2.軟體研發　3.電腦程式設計
494　　　　　　　　　　　　　　　110008908

讀者服務

● 感謝您購買碁峰圖書，如果您
　對本書的內容或表達上有不清
　楚的地方或其他建議，請至碁
　峰網站：「聯絡我們」\「圖書問
　題」留下您所購買之書籍及問
　題。(請註明購買書籍之書號及
　書名，以及問題頁數，以便能
　儘快為您處理)
　http://www.gotop.com.tw

● 售後服務僅限書籍本身內容，
　若是軟、硬體問題，請您直接
　與軟體廠商聯絡。

● 若於購買書籍後發現有破損、
　缺頁、裝訂錯誤之問題，請直
　接將書寄回更換，並註明您的
　姓名、連絡電話及地址，將有
　專人與您連絡補寄商品。